东方语境下的心理治疗

张沛超　著

化学工业出版社

·北京·

图书在版编目（CIP）数据

东方语境下的心理治疗 / 张沛超著. — 北京：化学工业出版社，2025.8. — ISBN 978-7-122-48147-4

Ⅰ. B849.1

中国国家版本馆 CIP 数据核字第 2025ER1611 号

责任编辑：王　越　赵玉欣　　　　装帧设计：关　飞
责任校对：宋　夏

出版发行：化学工业出版社
　　　　　（北京市东城区青年湖南街 13 号　邮政编码 100011）
印　　装：中煤（北京）印务有限公司
880mm×1230mm　1/32　印张 10¼　字数 219 千字
2025 年 9 月北京第 1 版第 1 次印刷

购书咨询：010-64518888　　　　售后服务：010-64518899
网　　址：http：//www.cip.com.cn
凡购买本书，如有缺损质量问题，本社销售中心负责调换。

定　　价：68.00 元　　　　　　版权所有　违者必究

推荐序 • 武志红

在北京大学读心理学本科的时候，课外的大部分时间，我泡在哲学、社会学、历史和文学等书籍中，只有少部分时间，放在心理学书籍中。

我觉得，这些都是关于人性与存在的书，把这些都吃透了，更有助于对心理学的领会。

然而，这真的不易，太多内容，我相当于囫囵吞枣，但这已经很受益了。

现在读张沛超的《东方语境下的心理治疗》一书，倍感惊艳。书中，对心理治疗，或者说对人性与存在的一些关键议题，他从西方文化和东方文化的角度均做了精妙的阐述。并且，在我看来，他不仅是尊重了这些论述中作者的原意，同时又将其吃透，而且还融会贯通为自己的一个体系，而且这个体系又与这些作者的原意不违和。这实在是太难得了。

要做到这些，人要有吞吐万物的心量。这或与沛超的成长与求学背景有关，他本科读了生物学，硕士读了心理学，博士做了心理治疗的哲学研究，这三门学问，分别是关于生命、心灵和智慧的学问。当然，沛超的阅读范围，远不止这三门学问，他是做到了书中所说的"大其心则能体天下之物"。

书中的视野极其辽阔，同时，作为心理治疗师的著作，书的颗粒度又非常之细，并可以看到，它在为症状立心。一些看似扭曲奇怪的症状，当有了"心"之后，也像是回了家。

关于这本书，沛超说："不只是给新手的课程，它有一定程度的拔高，而不是以训练基本技能为主，是在一个高度上获得统摄力。"

真如作者所言，读这本书的过程中，我感觉自己过去没有吃透的一些知识，以及做心理咨询过程和观察人性过程中形成的很多心灵碎片，纷纷落地归根一般，朝着一个方向统合成整体。这种感觉，妙不可言。

能有这样的书可读，真是一件快事。所以，郑重地推荐这本书，它不仅适合资深的心理学专业人士，也适合一切对人性与存在有强烈好奇心的人，特别是试图在整体上弄清楚人性与存在之奥秘的人。

推荐序 • 钟年

沛超这本书的书名叫《东方语境下的心理治疗》，我在阅读的过程中不时在想，如果没先看到这样一个书名，我会给它取一个什么样的书名——"文化心理治疗"？"中西方思想与心理治疗"？或者本书更像我喜欢的《蒙田随笔》和《培根随笔集》，可以径直命名为"沛超随笔"？多种命名的可能性，反映的是本书的多样性和丰富性，我想这一点正是吸引读者读下去的理由。在阅读本书的过程中，如下的一些特性，是很容易感知到的。

首先是融合性，这一点从书的标题上就能看出来。一方面，本书讨论的心理治疗，乃至心理学，都是从西方传过来的学问，很多的理论、方法、技术，在我们今天的临床实践、运用中取得了相当的成效，沛超也是在这种训练下成长起来的。另一方面，还有一个更广阔的文化土壤，也是我们成长中所伴随的环境，这就是中国文化，也就是本书所谈的东方语境。沛超出生于中国文化氛围浓厚的中原大地，自小就对优秀的传统文化有亲密的接触和浓厚的兴趣。成长过程中的两条线，即中学的浸润和西学的修习，共同构成了本书的融合性。

其次是系统性。本书是一个讲课记录，在 20 讲的内容当中，沛超从实在开始，讨论了记忆、知识、格物、看病、当下、梦、移情、自我、生死、七情、六欲、关系、人格、孤独、男女、家庭、解脱、心性、教育等话题，已经超出了一般意义上的心理治疗，向读者展示出思考的系统性。当然，对于这些话题是否全面以及所讨论问题的排列顺序，大家可以仁者见仁智者见智，但依然不能不承认，书中所涉及问题的全面与宏大。

再次是历史性。书中，作者多次浓墨重彩地回顾心理学的历史，尤其是精神分析学的历史，在章节目录中我们就可以看到"心理学的演进""西方心学传统""东方心学传统"这样的字样，这一点特别值得拿出来夸赞。我们知道，心理学发展到今天，随着学术研究高歌猛进，在心理学的各个分支学科里面，有些学科得到了更多人的青睐，而心理学史这个分支，几乎已经被弃之于途，乏人问津。很多学校的心理学史课几乎已经没有老师可以教授，虽然这门课是教育部教学指导委员会规定的心理学核心课程。我曾经在多个场合指出目前心理学存在的大患，可归纳为九个字——"无历史，轻理论，不读书"。我一直记得，著名社会学家费孝通先生当年曾经提出，进入任何一门学科，有三门课是最重要的：第一门课是该学科的概论，第二门课是该学科的历史，第三门课是该学科的方法。如果说概论是主体，那么历史与方法就是两翼。而今天心理学的发展现状，几乎已经到了一翼不存的地步。我们都知道历史的重要性，也知道一门学问的发展是后人站在前人肩膀上的赓续攀行，而目前心理学对于学科历史的废弃，几乎让新人没有前人的肩膀可资依傍。

还有生动性。虽然目前作者给我们呈现的是一本书的形态，但依然在每一讲的后面附上了部分的课堂问答。这样的设计特别重要，让我们在一定程度上能回到课堂，感受当时的氛围。我们都知道讲和答虽然都是在说，但这两类的"说"还是有相当大的差异的。讲的内容，是上课人预先准备的，可以有很多打磨修改的机会，相对来说可以表现得更为完美；而当场应答，其实对讲授者是更大的考验，虽说可以有急智，但这里展现出的是讲授者整个的知识背景和长期的思考。有讲授，也有解答，这本书就生动鲜活起来。说到生动，书中很多地方的语言就特别有趣，例如在"论七情"的部分，作者开篇就说："我写作这一讲时，正值春节假期。春节可以说是一个情绪的大熔炉，它所'要求'的情绪当然是'喜'——过年都不开心，那你什么时候才开心？过年不用上班、不用干活，小孩有压岁钱，大人也有麻将打，所以过年期间一定要有一种非常喜庆的感觉，连超市都充满了'恭喜你发财，恭喜你精彩……'的背景乐。这种强制性的'喜'的情绪过多了，有点像吃蜂蜜齁住了，不赶紧来点儿'负能量'，浑身都不自在，所以这一讲的重点不放在'喜'上。"

最后，说说创新性。沛超有特别多的创新思维，这是熟悉他的人都能感受到的。本书的第1讲，创新性就扑面而来，作者提出了一个"超体"的概念，他解释道："什么叫超体呢？一切可能性的集合，就叫超体。"他还开了一句玩笑，说因为他名字里面有一个"超"字，所以把它命名为超体。超，其实就是创新。我们当然还可以接着开一句玩笑，他的名字里不光有"超"，还有"沛"，沛是盛、大、多的意思，也难怪沛超有这么多创新了。看样子，从小家里起一个好名字，还是十分重要的。书里面的创新性当然是多方位的，我称之为有总有分。对"超体"的提出和讨论是贯穿全书的，这是总；其他各讲里面也有很多创新，例如"七情六欲"，作者提出自己认为的"七情"和自己认为的"六欲"，与传统的说法并不一致，这是分。当然，所有的新说法都可能引起争议，你可以不同意作者的说法，但你不得不承认作者的创新性。

我们还可以把生动性和创新性合在一起说一说。这本书的很多内容，不仅仅能常常让人们感到有趣，还常常让人们感觉到有理。例如有一段课堂答问，就谈到了多样性这样一个根本的道理。有学员问："'朝闻道夕死可矣'，这是不是太看重智慧的作用了？人活着，智慧第一吗？"沛超的回答是："人其实怎么活都行，我并非要教导唯一正确的活法。从事这么多年心理治疗教会了我，其实有数不清的活法，怎么活都行。有人觉得这个第一，有人觉得那个第一，这很好，生命的多样性是整个生命系统能够维持稳定的条件——这跟生态学所论是一个道理，某一片区域内，物种越单一，这片区域变成完全没有生命之地的危险性就越大。人跟人想法不一样、人跟人追求不一样，价值观多态性是保证人类作为整体能够永生的一个重要因素。所以当你觉得你的生命里别的东西是第一位的时候，不要觉得有什么不对劲；如果你觉得某样东西是第一位的，那么就好好地享受它，不只是在口头。于我自己而言，智慧是不是一定第一呢？也不是。我每天起床看看缸里的米还有没有，没有的话我得赚点钱，智慧就先往边上放一放，这本身也是一种智慧。"

创新性是怎么样做到的呢？当然不仅仅是因为某人有一个好名字。阅读此书时，我注意到作者对自己的角色定位的认知。书中有一段描写，作者大学毕业拜访一位家族长辈，长辈一开口就问了三个问题："组织问题解决了没有？单位问题解决了没有？个人问题解决了没有？"这三个问题在中国社会都是很根本性的问题，抵得上哲学学院门房大爷的灵魂三问了。作者调侃说，到现在为止，他也只解决了个人问题，前两个问题都还没有着落。我想起多年前著名人类学家许煜光先生写过一篇文章，他说长期生活在美国，感觉到自己是一个边缘人。自己身上有中国文化，也有美国文化，但在这两种文化中，自己都不处于核心地位，寻求文化认同并不是一件简单的事情。这可能就是鲁迅先生的两句诗描述的情形："两间余一卒，荷戟独彷徨。"不过许先生说，边缘人也有边缘人的好处，那就是很容易从不同的文化中获取资源，能看到一些独特的风景。

由此想到，这或许正是沛超的优势所在，是他创新性的来源。不在单位当中，当然就不那么容易获得单位的资源，但是也因此少受很多单位的约束，有了一个相对超然的位置（这里又出现了一个"超"字）。我对此也有些体会。最近两年，由于自己到了退休的年龄，也难免要考虑一些退休后的生活和打算。仔细想想，退休还是有很多好处的，最大的好处之一，就是可以有自由自在的生活，可以不受约束地想很多事，也可以不受约束地做很多事。我近来在很多场合向与我年龄相仿的心理学同仁传递下面的想法：我们这一辈人和我们的上一辈学者很不一样，前辈学者因为历史的原因，很多人是没有退休的，一直工作到生命的最后时刻，甚至是在晚年，还撰写了大量的著作，培养了大量的学生。但我们这一批人真的要退休了，我却希望我们可以退而不休，因为退而不休既对社会好，也对自己好。我把以前我们在工作岗位上做的心理学工作称为"有限心理学"，因为那时候做的心理学工作有种种限制，而退休之后，我觉得大家可以做"无限心理学"了，我们为什么不抓住这样宝贵的机会呢？我想这样的想法，也是很符合世界卫生组织的积极老龄化倡导的。

这就是我对沛超为何具有创新性的一个解释，在他这么年轻的时候，就步入了面对无限可能的境地，我特别羡慕他的这种状态。当然，年轻本来就具有更多的可能性，年轻本就是一种可以傲人的资本。我也很希望在退休后能进入做"无限心理学"的状态，能有更多的创新性，这可能是一种超越生理生命的心理生命的年轻状态，就像东坡当年说的，"老夫聊发少年狂"。祝愿早早就在这种状态的沛超，能有更多的创新性想法，能有更多的著作面世。

钟年

武汉大学哲学学院教授

中国社会心理学会副会长

中国社会心理学会文化心理学专业委员会主任

推荐序 · 吴和鸣

在词语的熔炉中淬炼：东方心理治疗的解码与重生

王弼在《老子指略》中说："名必有所分，称必有所由；有分则有不兼，有由则有不尽；不兼则大殊其真，不尽则不可以名……"张沛超博士提出的"超体"，相当于王弼的"无"，"道者，无之称也，无不通也，无不由也"。张博士一直在努力立足临床，贯通古今中外，这反映了他的学养、功夫，特别是勇气，呈现在读者面前的本书，是阶段性的成果，书成意味着继往开来，我们期待着他兼之，尽之，一以贯之，"察见至微""探射隐伏"，而"何往而不畅哉"。

本书名为《东方语境下的心理治疗》，究竟在当代心理治疗中发生着什么，这是一个非常有意义的主题，本序拟借张博士书中提及的词语，为本书作一些注解。心理治疗的过程，可能就是发现拉康说的症状中藏着的词语，或者说理解当事人的语言。另外，可能心理治疗无关"治疗"，而是让词语满血复活，元气充沛，由此我们透过词语相遇。

热锅上的蚂蚁

书中几次提到"热锅上的蚂蚁"，让我想到，"东方语境下""本土化"等表达之中的中国当代的心理治疗师，多少有点像热锅上的蚂蚁，在不安地、急切地寻找自己的道路，确定自己的身份。好像没有立足之地，惶急之下找不到出路。其实，"热锅上的蚂蚁"所表达的也是个体的现实处境与心理现实。

这个词语是比较共情的表达，强调了所处的情境，热锅之中，不管是多么慌乱无措的反应，都是可以被理解、接受的。那么，"热锅"意味着什么呢？可能与两个因素有关，其一是危机感，其二是责任感。

好像不知道怎么就置身于一口热锅之中，处于失控的、没着没落的焦灼状态。一方面与西方心理学有天然的隔膜，那毕竟不属于自己的文化传承；另一方面，自身传统又是断裂的，如熊十力所说的，是不折不扣的"失学之人"，存在很深重的有关出身、身份的危机感，一直爬来爬去想血脉苏醒。

先天不足，又有强烈的责任感，使热锅更热。仓促之间，东方语境下的心理治疗走了两条路径：一是肢解传统文化中的心理学思想，将其塞入西方心理治疗的理论框架之中；二是生硬地教条化传统文化，在书房中设计心理治疗的理念和程序。多少年了，一直迷失在热锅之中。

在对复杂性理论的观察中发现，蚂蚁终究会"涌现"、内生出自己的路来，但在热锅之中，何其难哉！本书常见的比喻"在热锅上相遇"描述了一个方向，因为灼痛，与身体相遇，与内在相遇，与"你"相遇。

九龙吐神水

几年前，在《太平经》读书会上，读到"既诞之旦，有三日出东方；既育之后，有九龙吐神水"。张永宏老师说这讲的是生产的体验，年轻的妈妈林瑶博士回应说，在产房中有许多的水，羊水、汗水、奶水、糖水、汤水、药水、血水、尿液、泪水……我们可能就此破译了那神秘的"九龙吐神水"！

就此，有了奇妙的相遇，古人也罢，今人也罢，我们都共同置身于母亲生产的情境，有期待、有兴奋，有紧张、有疲惫，还有拖泥带水，一地鸡毛……然而，有人说"九龙吐神水"，那一刹那，石破天惊，那些水有了神圣的来历，那个新生的生命，那个母亲，那个孕育、生产的过程，全部闪烁着神圣的光芒。

或许，对于现代人有如"鸡肋"般的传统文化，需要如此解码，让僵死的、死而不僵的东西活过来，而解码就是相遇的过程，密码就在我们的身心体验之中。"他山之石，可以攻玉"，精神分析是重要的解码工具，本书作者以20个主题全面梳理了精神分析的思想和方法，试图去解析文化与心灵之谜。精神分析首先是一种直面自己的态度，面对防御，面对所防御的苦痛，然后深度理解其意义，并进行审美表达。阅读本书，我们也进入专属于汉语的词语之林，可以说是"心语"之林，如"看病""年关""指望""闭黑关""孤老终生""放生"等等，它们在精神分析的背景中散发着幽光。

"九龙吐神水"事件（意义重大，可以谓之"事件"），昭示了走出"热锅"的双向运动，即从"九龙吐神水"到各种水，以及从各种水到"九龙吐神水"。我们用词语祭奠的丧失、标记的情绪，一直等待着容器，得以释放，那是回忆与叙事，是"放飞自我"的过程；与此对应，在叙述中，诗意的直觉惊鸿一瞥，在身心战栗中发出一声"九龙吐神水"，此刻自我安放于审美的体验之中。可能，"为学日益"与"为道日损"，以及本书中提出的"使体验过程化，使过程体验化"也是在描述同样的折返运动，一方面是愈来愈丰富的生命体验的呈现、表达，另一方面，我们总是期待着透过症状、梦等，获得对于命运、苦难，以及生命本质的深刻洞察，那洞察一定是属于个人的，独特的，美的。

看病

坐在了医生面前，医生会说"先检查再看病"，"看病"好像是特别的环节，检查还不在其中。把检查结果拿回来了，再次坐在医生面前，才正式开始"看病"。

在心理治疗语境中，不是"看病"，而是"做心理治疗""见我的心理医生"。心理上的困扰也会让人去专科门诊"看病"，但存在一个"转换"，比如要先把"紧张不安"换成"焦虑"，把"心情不好""打不起精神"换成"抑郁"等，才去"看病"。这与医学上的"临床表现"与"症状"的区分，还有所不同，尽管"焦虑""抑郁"等词耳熟能详、满天飞舞，但似乎与个体存在距离，有点"够不着"，有时还要对照诊断标准，看是否符合。即使被确诊了，即使有继发性获益，可能内心还是不以为然。接受心理治疗时，也有些"貌合神离"，暗地里在抗拒"焦虑症"或"人格障碍"之类的诊断。心理学医学化的结果之一是，"看病"隐含着在某个假定的区域或位置上工作的意味，有点远离心理的内在现实。

本书中对"看病"解码，对人与"病"的关系、由病入道等作了许多极具启发性的深度分析，读者可以细参。这里探讨一下词语"看病"本身的语义。"看"，甲骨文为以"手"遮"目"远眺；《说文解字》："看，睎也。从手下目。""病"，甲骨文像人卧床出汗，原指重疾；《释名》："病，并也，并与正气在肤体中也。"这些释义包容了相关的结构与内涵，与精神分析的发现高度一致。以手遮目远眺，说明存在影响"看"的因素，精神分析是在观看观看，倾听倾听，医生"先检查再看病"，可能是在最大限度减少主观的影响。"病，并也"，指的是系统，是冲突，拒绝诊断的标签，被期待的、被看到的是那个"病"的"并"。

情绪

"情绪"这个词会被误以为是清末外来词，实为本土词汇逐步转型而来。在宋明之前，"情"与"绪"若即若离，"情"在一处，"绪"连带着但在另一处，如可能一在正文，一在注疏。

"情"与"绪"怎么就结合在一起了？

"绪"，从"系"，《说文解字》："绪，丝端也。"魏晋时期衍生出"连绵状态"义项，丝有开端、终端，有多端，且悠长。"情绪"结合，说明已经认识、体验到"情"有触发的线索，有过程，存续并影响持久。面对情绪时，深入到"绪"，就有"格物"的意味，更贴近情绪本身。

"情"要联系到"无（情）"来说。"大道无情"，《道德经》第五章："天地不仁，以万物为刍狗；圣人不仁，以百姓为刍狗。"然后看《中庸》："喜怒哀乐之未发，谓之中；发而皆中节，谓之和。"我们现在说的情绪，不在"中"与"和"之列，"发而不中节"，才说"有情绪"。所以情绪的存在必然有特别的意义，情绪是过往记忆的储存方式。

指望

本书把"望"也列为情绪之一，"指望"很难翻译成外文，但在中国人内在与外在世界中异常活跃。

内心有指望的对象，同时强烈地感觉到被指望。口语中使用"绝望"一词似乎比较少，"指望不上""没有指望了"可能表达的是真正的无奈、绝望。"指望"本身具有明确的人际性，是外在人际关系的重要模式，好像比"依赖"更丰富。

"指"，甲骨文从"手"从"旨"，本义为"指向目标"；《说文解字》："指，手指也。从手旨声。""指"含有明确的目的性。"望"，金文像人立土堆上远眺；《释名》："望，惘也，视远惘惘也。""望"引申为"期待未至之物"。"指""望"合在一起，就包含了确定性（目标对象）与不确定性（未知）。而"没有指望""不能指望"等表达的，可能是既失去了可获支持的对象，同时还失去了对未来的期望。另外，因为有不确定的预期，似乎并没有那么绝望。

指向的是对象，望向的是对象对指向的回应。

欲望

把"欲望"拆解开来，"欲"，甲骨文从"欠"（张口人形）从"谷"；《说文解字》："欲，贪欲也。从欠谷声。"本义为对物质（谷）的渴求，引申为生理与心理的渴望。"望"，上文已介绍。合成之后，"欲"强调内在驱动力，而"望"的含义有所变化，变成投射，指向外部目标。如此，"欲望"结合了内在与外在，具有亦内亦外、即内即外的结构。

人设

"人设"是当代社会的高频词汇，它比"人格面具""虚假自体"等概念更"精神分析"，有更强的动力学意味，而且是更直接的生活体验。

"人设"包含了性格、价值观、能力，及行为模式诸方面。这个词的流行本身就反映了对于人格表演性的认知，真正可谓"群众的眼睛是雪亮的"。同时，"人设"还往往与动机联系在一起，对于表演的各种动机洞若观火。从围绕着一系列人设崩塌的"狂欢"中，也可以看到，内在的心理"大规模"地投射于外，牢牢守着观众的角色，要回到书中观众的位置上，无疑还有很远的路要走。

显然，直白的有关"人设"的表达，也隐含着对于"真实自我"的强烈呼唤，但吊诡的是，人设崩塌的狂欢，使所恐惧的更加恐惧，"放生"更加困难。于是，人设变成了一个投射性认同的困局。

家丑不可外扬

本书有比较大的篇幅讨论家庭动力，已形成相对系统、完备的论述，下面就书中提到的"家丑不可外扬""过日子"等作些阐述。

"家丑不可外扬"，除了维持家族稳定、保护个人尊严、强化家族内部凝聚力等动机外，还有责任承担，以及对于破局的隐秘期待等。"外扬"可能会把困局变成死局，而破局需要对"家丑"有精准的把握、深刻的理解。必须指出，家丑背后是难以名状的历史与现实。感谢今年3月份在"精神分析场论"学习中，杨醉文等老师的经验交流，启发了我对现阶段亲子关系类型的思考。

在真实的东方语境下心理治疗中，有三种可以描述出来的亲子关系类别。第一种是本书中说的出家或离家，与回家。分离是其中的核心议题，农村留守儿童，城市里因父母工作繁忙而被忽视、疏于照顾的孩子等，他们可能都没有完整、稳定的对于家的感受，在分离-个体化的进程中会有许多可怕的变异，可以命名的主题是"谁收养（收留）我"，可以想见他们的心理与亲密关系的状态。

第二种是"鬼姆"与"鬼婴"。这个表述有些夸张，但可以比较形象地描述亲子之间的关系。精神分析描述：孩子在父母眼睛的闪光中，看到自己作为人、作为男人或女人的价值；如果是鬼姆呢？孩子从鬼姆眼里看到的是死婴。父母是死寂的、没有活力的，他们活着，可是他们早就死了，他们活在创伤中，活在面具中，活在一成不变的模式中。孩子不得不用自己的方式，让父母活过来，恢复生机，许多孩子的行为问题，如自伤、厌学，或者厌食等等，可能都有拯救父母和自己的意义。

第三种是"圣母"和"怪兽"或"白眼狼"。如书中提到的"非血统妄想"所反映的亲子关系，可以从两方面描述，从父母角度看，"这是我的孩子吗？""我怎么会养出这样的孩子？"孩子是异己的存在，是自己无法接受的无意识的表达，亲子之间上演着投射性认同的戏码；从孩子的角度看，他从自身经验出发，难以理解父母，难以安放父母。可以说当代东方语境下的心理治疗中面对的家庭，远远超出弗洛伊德《家庭罗曼史》中的家庭。

行文至此，沉重得无以复加。最近看到微信视频号"阿辉读点啥"介绍辜鸿铭时写了一句话，"脚下总要水滴石穿，眼里总能海纳百川"，真可以拿来做这本书的评语。张沛超博士长期深耕临床，培养后进，接触大量复杂的个案，并浸泡在经典文本之中，努力建构自己的理论体系，我感慨不已！赞叹不已！

最后，谈谈书中特别提的一句"这日子过不下去"，寻求心理治疗的帮助，就是因为日子过不下去了，无论心理治疗为自身设立了多少目标，当事人的诉求可能就是"过日子"。过日子既简单又不简单，既平凡又不平凡，AI给出的一种解析是："过"即经历、度过，"日子"指时间单位或日常生活状态。"过日子"有生存维度（如"精打细算过日子"）；情感维度，经营家庭关系与情感联结（如"两口子好好过日子"）；还有文化维度，遵循习俗与伦理规范（如"按老传统过日子"）。最后的结语是，"'过日子'是中国百姓最朴素的生存诗学，既是被动的现实妥协，也是主动的意义建构……"。

我深以为然。不管多么艰难，日子都要好好过下去。东方语境下的心理治疗，就是诠释中国百姓的生存诗学。

吴和鸣

中国心理学会临床与咨询心理学注册系统注册督导师

上古实验传记研究所

2025 年 5 月 11 日

推荐序 · 严艺家

　　为了给张沛超《东方语境下的心理治疗》写序言，我特地去翻了手机相册，努力回想这个奇葩究竟是何时与我结缘的。根据照片显示，命运齿轮的转动之时是 2016 年 2 月的某个晚上，我们俩因缘际会在上海一个可以俯瞰夜景的酒吧相见。彼时的沛超还不是今日的沛超，尽管有一部分的沛超始终是那个沛超：迷之充沛的自信，以及超凡的学识智慧。

　　命运的齿轮转动到 2025 年，这是我在伦敦学习儿童精神分析心理治疗的第三年，每天吸收着各种非母语的信息，时不时走神望向窗外的一草一木。我的遐思经常飘向故乡的小笼包，更多时候则是怀念与想象用母语进行表达的畅快：语言从来不只是符号，而是一种底层思维方式。精神分析与心理治疗确实兴盛于欧美，但无论吃过多少顶级西餐，我记挂怀念的始终是家乡路边摊的那碗面。

　　偶尔我会在与来自不同文化背景的同学讨论个案时抛出一些具有中国特色的视角观点，比如"只缘身在此山中"的哲学意境是诠释"分离"的奥义，"上善若水"某种程度上非常"比昂"。我很确定他们对这些东方智慧的好奇与赞叹并不只是英式礼节里的"interesting"，而是非常近似于我多年前第一次推开精神分析大门时的惊艳感：不仅是东方文化需要精神分析，精神分析也需要东方文化。

　　张沛超是精神分析与东方文化之间的一个"译者"，在《东方语境下的心理治疗》一书中，他将精神分析的一些核心概念用简单易懂的东方表达重新诠释了一遍，例如"超体"的概念乍看让人联想到representational world（表征世界）这个经常让人觉得过于抽象的概念，而张沛超基于易经与老子的智慧，用"超体"赋予了陈酿全新的滋味。倘若未来有机缘使得不同语言体系的人能读到张沛超的这本书，我相信他们亦会感受到，原来有人一直在把东方文化用精神分析的语言翻译给全世界听。相信无论是人工智能技术的发展还是张沛超自身的因缘，那一天并不是太遥远。

身为"译者"，我也深知每本译著所承载的使命不仅是"还原"，更有很大程度的"诠释"甚至"超越"，在《东方语境下的心理治疗》一书中，张沛超所论述的观点不仅承担了"信使"的功能，更包含了东方"炼金术士"通往更高阶心理治疗智慧的法门，等待有缘人细细汲取。

品酒之人未必是酿酒之人，而张沛超确实是经历过且一直经历着"闭门造车"的酿酒之人。我有幸在 2016 年的那个夜晚品了一小口他未曾开坛的酒，外加在不久之后有幸获得糖心理平台创始人的信任与支持，才得以将当时还默默无闻的张氏佳酿"包装上市"。事实证明，我作为品酒之人的味蕾还是相当敏锐精准的，这坛广受市场好评的佳酿随着岁月的流逝还在不断提升含金量，且在不同时期焕发出不同层次与版本的风味。

张氏佳酿的饮用品鉴方式并不顺应大众潮流，有少数人不需要任何指引就可以甘之若饴，也有少数人即使切换了各种姿态依旧不得品鉴要领。但对大多数人来说，倘若能在具象的文字中与张沛超的东方智慧相遇，便有机会和我一样，细品到其中的好滋味。"信使"似乎成为一个平行角色：不仅是张沛超在东西方心理治疗与哲学文化之间担当了信使，相关课程的出品方与整理文字稿的编辑团队也是孕育传递这些东方智慧的信使。这些东方语境下的对话终有一天会"始于东方而不囿于东方",因为它本就是属于全世界的佳酿。

严艺家

心理博主

伦敦大学学院(UCL)儿童青少年精神分析心理治疗博士候选人

2025 年 5 月 12 日于伦敦

目录

第 1 讲

论实在：

窗外有两棵树，
一棵是枣树，
另一棵也是枣树

我们面前的很多东西都是非常确实和实在的。比如你手里的手机、我手里的茶杯……这些都是看得见摸得着的"实在"，你看得到，别人也看得到。另外一类实在，其实比我们眼前和手中这些东西更为实在，它是第一位的，却最容易被忽视，它既是我们快乐的源泉，也是我们痛苦的来源。

　　就以这个句子为例："窗外有两棵树，一棵是枣树，另一棵也是枣树。"因为这句话出自名家，所以大家就揣摩为什么这位名家要这样写。我的理解是，尽管在物理意义上，它等于"窗外有两棵枣树"；可是在实在意义上，也就是心理现实上，又有非常不一样的意味。窗外有两棵枣树，这在逻辑上没有问题，是对事件或事实的陈述，但是请仔细揣摩一下：窗外有两棵树，这时你的内心留意到了两棵树的事实，接下来，你把眼光放到了一棵树上面，你发现它是枣树，当你完成这个确定之后，你又把眼光放到另外一棵树上，发现它也是棵枣树。所以其实，这样的陈述揭示了一个内心层面的现实，它其实是由三个命题合并而成的。内心发生的一系列事件，是我们在临床咨询工作中一定要注意的，这一点也在督导中被特别强调——你是否真的在一个很"实"的层面上理解了来访者所说的。

与心理现实工作

　　当来访者说"我今天很无聊"，或者说"我今天真的蛮着急"，你是否真的理解了这个"无聊"跟"着急"。当然它们的词意不难理解，完全不抽象，我们很有可能在听到的第一时间就理解了是怎么回事。但事实上，如果去做澄清的话，有时你会惊讶地发现，他的"无聊"跟你想象的那个"无聊"压根不一样。

因此，本篇的目的是帮助读者逐渐学会区分一个物理事实和一个**心理现实**。就像被网络发酵的热点新闻，一些事件被社会各界广泛转发评论，大家想知道事实和真相是什么，这里我们关心的就是那个物理意义上的过程——那个实实在在发生的过程究竟是什么。然而悲哀的是，一方面信息能够被广泛传播，另一方面信息也能够被广泛地删除，所以实际上那个**物理事实是不可知的**。但这个事件折射出的**心理现实其实是赤裸裸的**，因为每个人的恐惧感以及对恐惧感的不同防御都很实在，我们每个人都可以感受到自己的这些实在，也可以感受到他人的。无论事情的真相是什么，至少在心理现实层面，我们被广泛地激活了恐惧、愤怒以及相关的防御——它们都已经被成功地显现出来了。这就是我们唯一能得到的现实。

这个"现实"折射出什么呢？折射出我们内心深处的不安全感。我们内心的安全感系于一个完好的母亲意象，如果这个完好的母亲意象被影响，就相当于抽去了安全感的基石，我们内心就会经历巨大的不安全感——这是一种非常难以承受的现实：哦，我居然这般脆弱！所以我们所有人都想尽办法来防御它，尽可能少体验这种不安全感。所以在对一些热点现象尝试解析时，我们至少应该知道，"哦，原来应该重视心理层面的现实，心理层面的现实有可能比物理事件还要'实'，还要值得被重视"。

按理来说，我们学习心理治疗，不管属于哪个流派，都应该经历精神科实习。我自己蛮幸运，曾在精神科实习了将近一年，所以所学教材中那些对现象的、概念性的描述，能够被具体的经验所印证，一**个空的概念、空的范畴，渐渐变成了非常切身的、能够在身心两个方面引起多重唤起的一个实在**。精神症状学专著的一些章节谈思维障碍和感知觉障碍（比如幻觉和妄想），它们多出现在精神病患者的主观体验里。那么，明明没有东西，明明没有人，这些人究竟看到了什么？我们现在已经知道，这些患者绝对没有要骗我们或者捉弄我们的意思，也就是说，他们确信自己对于幻觉，不管是幻听还是幻视，或者妄想的那种体验，正如你确信自己对周遭世界的体验——难道此刻你会怀疑，自己并没有待在你目前待的地方，读着一个叫张沛超的人分享他的临床感悟，所有这些只不过是你大脑中的一群细胞"抽风"所致？那么我们又凭什么确定，自己目前眼睛所看到、耳朵所听到的是真的？这些东西只不过是一系列的"震动"，"震动"在你的视网膜、鼓膜上被转化为神经冲动，经过中脑等结构，然后被投射到视皮层、听觉皮层，最终在皮层层面引起了相应的某种震动（神经活动），这种震动被皮层自身解读为它听到或者看到了什么。

可是，对于精神分裂症、具有幻觉和妄想的人而言，其大脑相关皮层一样是活跃的，所以也完全可以把外在实在和现实扔到一边。**大脑懂得的只有其肉体组织里的所有震动而已，而不管这个震动是外源性的还是内源性的。**对于一个精神科医生而言，形成一个精神分裂症诊断，他并不需要那么详尽地理解幻觉或者妄想的内容，当然他会对之进行分类，比如妄想可能是钟情妄想、被害妄想，但即使如此也只是从形式上进行分类。形式就像抽屉一样，可能是铁质、木质，或者塑料的，形式本身无法保证，或者规范，或者约束，或者限定它里面的内容。所以关于"妄想"的诊断就像一个空抽屉，没有真正揭示妄想的实质。**妄想的实质就是病人对妄想的所有体验，**当他能够讲的时候，这层体验就在进行人际的转化，转化成你可以理解的形式——这种理解离原初的实在而言，已经经历了不少层的转化。**伴随着不断转化，所呈现的现实其实也一层一层地堆积起来。**对于患者的家人而言，听他的妄想是一回事；对于路人而言，听他的妄想是另外一回事；对于精神科医生而言，则是另外的另外一回事；对于一个精神分析取向或者体验过程取向的治疗师而言，又是不一样的过程。同样做家庭治疗或者团体治疗，**同样一个现象，在不同人的主观体验里居然有那么多版本，甚至彼此间截然相反的版本。**这些人并非标新立异——他可能被困在局里，根本就没有精神能量去标新立异；每个人都相信自己所看的是实的、真的，所以一个物理学上界定的事实或者实在，可能其实非常不适用于我们从事的工作。一些律师转行后从事心理咨询工作，其思维要经过很久很久，才能适应我们对事实、实在、现实、真相的完全不同的界定方式。

所以，**实在，尤其是心理上的现实，更多要采用一种视角主义或者建构主义方式来看待。**什么叫视角主义？屁股决定脑袋。一个人的立场经常影响他看到什么，就像在人群中，个子高的看到的都是脑袋，个子矮的看到的都是屁股，大家看到很不一样的画面。而心理感受或主观体验的这种实在非常个人化，如果想要与人交流，就不得不借助语言，语言本身是一个现成物，语言的使用完全不由个人随心所欲（除非精神分裂症），所以**语言本身的结构就在影响着你对事情的重新感知。**我们经常能在临床中体会到，当你做梦的时候，对于这个梦是一种感受，当你跟分析师说的时候，通过一系列遣词造句，你发现又是另外一种感受，甚至你换一个分析师，感受又不一样。所以一个心理意义上的实在其实是视角主义或者建构主义的。

柏拉图洞喻

哲学上有一个非常著名的、历史非常悠久的隐喻，叫柏拉图洞喻❶。这个比喻如何看待现实？一排人看着墙上的影子，这些影子难道就不是实的吗？难道是假的吗？不是的。一个人走出去，看见外面的太阳，他知道洞里的人所看到的影子是假的。但他回来要告诉其他人的时候，其他人真的能够理解他的现实吗？**既然大家都只不过是用眼睛看，那凭什么你的实就比我的实更实呢？**所以这是西方本体论、认识论的一个基本隐喻。

来访者告诉我们一些事情，他没有要骗我们的意思，这些是幻影还是真的呢？我们凭什么有能力去仲裁他所见到的就不是真的呢？从

---

❶ 在《理想国》中，柏拉图提出了著名的"洞喻"。世界分成了洞穴内与洞穴外，即可感世界和可知世界。洞穴本来就是囚犯们生存的环境，他们生活在此，洞穴中的光和影就是囚犯们赖以生存的根本，就是他们的"真理"。洞穴里的"火光"只是意见，是人为造成的结果，但这些意见确实是洞穴存在的基础，同时也是洞穴内的囚犯们存在的根基，囚徒们愿意相信这些意见。一旦某个囚犯转身看到了火光，发现是有人故意为之，那么，囚犯感觉自己被欺骗了，他不再相信这些意见，这时他就要走出去，寻找真正的真理。这必然面临着转身，即灵魂的转向，但走出洞穴不是一件容易的事情，要经过教育，灵魂转向才得以可能，灵魂转向的技巧就是教育，教育就是要求人们追求的激情和欲望听从理性的指挥命令。教育解除了囚犯的枷锁，使他们获得自由，并试图想方设法地促使灵魂转向。教育的过程就是要使心灵远离感觉世界，使可见世界转向理念世界的过程。获得解放的囚犯（或哲人）走出洞穴，到底走进了什么样的地方？通过将"洞喻"与另两个比喻（即"线喻"和"日喻"）联系起来综合考察，得出结论是可知世界或理念世界。理念世界的建构与"日喻""线喻"和"洞喻"这三个比喻是相关的、密切的、分不开的。理念世界中有诸多理念，其中最重要、最高的就是善的理念，善的理念是一切理念的原因。洞内世界与洞外世界是紧密联系在一起的，不能把它们绝对区分开，洞穴就是一个整体。走出洞穴的囚犯，来到洞穴外的理念世界，当他获得善之后，他必须折返，回到当初生活的洞穴里，去教化洞穴里的其他囚犯，这是不容易的，经过艰难的灵魂转向去到了理念世界，再回到之前的那个世界也是很艰难的，他已经习惯了外面的生活方式，现在回到洞穴，已不习惯洞穴里的黑暗了，还可能被其他囚犯杀死，是冒着很大危险的，明明知道危险，还要去做，正体现了哲人的情怀。所以，回到洞穴的囚犯也要慢慢适应，当他完全适应了，也就达成了哲人王的统治了。整个"洞喻"就描述了如何成为哲人王的过程。"洞喻"对整个西方都有深刻、重大的影响，比如，亚里士多德、奥古斯丁、黑格尔等都受其影响。
本脚注参考文献：
徐东平 . 柏拉图"洞喻"及其哲学意义［D］. 重庆：西南政法大学，2017.

心理意义而言，这些人的感受都是实的，都是无比的真。我们在比较新的、流行的，目前还比较"热"的哲学中，能找到这样一个比喻，叫"brain in a vat"，即缸中之脑：假如你在睡觉，一个邪恶的科学家对你的大脑做了一个手术，把你的大脑在你完全没有觉知的情况下给取走了，泡在营养缸里，不仅如此，你的大脑原来与外界相连的神经都被连上传感器，传感器能够模拟与在肉身当中一样的所有感知，所以这个时候你已不是你了，这个大脑组织醒过来的时候，它就睁开眼、起了床、上了厕所、刷了牙、穿了衣服、打了发胶，然后就上班去了——所有的这一切，缸中的大脑其实都没有办法反思，因为它看到的东西和它平日见到的一模一样。我们难道每天都在进行这种反思吗？我难道就不是昨天睡前的那个我吗？所以问题就来了：一个缸中之脑，如何知道自己不是一个缸中之脑？当然这和另外一个命题等价：缸中之脑如何知道自己是缸中之脑？事实上它没有办法知道，这就让我想起"庄周梦蝶"的比喻。这种观念发展到极端有可能变成虚无主义，虚无主义是实在论的大敌。

在热锅上相遇

从某种程度上来说，我们总是对"什么是实在的"做着不断的反省、验证。我本人所宗的一位精神分析的大师威尔弗雷德·比昂（Wilfred Bion）提出了"绝对现实"的概念。大家知道，"绝对"是跟"相对"相对的。什么叫相对的现实呢？我叫张沛超，这其实就是相对的，因为我知道自己不是张天布、不是李孟潮，也不是申荷永，"我叫张沛超"的事实是由比较产生的。一把尺子可以量出我面前茶杯的口径，这个现实是由于尺子的存在才被呈现出来。同样，外在世界，日月星辰、银河大海，这些现实都是相对的，它们的存在都依赖于他物的存在。什么叫绝对呢？**绝对的实在就是这个实在不依赖于任何东西**，如果你要在茫茫的宇宙中找出最实在的东西，那么它近在咫尺，就是你的体验，就是你的肉身所提供的所有感受，可以说这是最靠得住的东西，是最靠得住的实在，是你肉身之外的这个世界成立的前提。**这个世界之所以是这样，是由于你的肉身如此感知它，这也是我们为什么要把来访者的体验当成对他的世界而言最为要紧的东西**，因为剩下的东西对他而言都是相对的，唯有他自身的体验是绝对的。所以，对一个绝对实在的认知，不是通过相对的概念、判断、推理、测量、比较、归类来实现，而是靠一种直接的感知来实现。在这个意义上，**对于终极实在的把握，不是通过"知道"（knowing）来实现的，而是通过"成为"（becoming）来实现的。**你无法理解××，除非你成为××，对于××的所有"知道"式的理解，都把××的实在投影到一些坐标系当中了，那些对于××的"知道"，已经不是××本身，而是××的某些特质，这些特质的存在基于坐标系的存在。我稍稍借用一点几何学的比喻，我们对外在世界的感知，都依赖于坐标系，所以你如何能够体会到你的病人或者来访者的那种实在呢？那就不是去"知道"，而是去"成为"。你可能会疑惑：那些明明是他的，我如何"成为"呢？不要担心，就像热锅上的两只蚂蚁（或者更多蚂蚁）一样，它们都能理解对方的热，这不是由于蚂蚁甲告诉蚂蚁乙，"我要热死了，快点跑出去啊"，而是由于它们在体验共同的热。所以这种"成为"不是对方邀请你，或者你使劲跑过去，而是**只要你什么都不做，你自然就会在那个热锅上**。你可能觉得：这么简单，我怎么做不了？因为你的大脑替你做了很多事，避免你在同样的热锅上。所以，你和他的相遇就是在一个热锅上相遇。什么叫热锅？坐上热锅自然就知道了，这就是心理治疗的一个难点，最终所有的"知道"都要隐去，变成"成为"。"成为"对应的英文最好使用 becoming，加上"ing"意味着你不断地努力进入那个实在，这是一个过程。你和来访者相遇在哪里呢？就相遇在实在那里。

写到这儿，我想推荐两位哲学家的著作，虽然他们本人都基本不做临床工作，但他们是一些流派真正的祖师爷。两位都叫马丁，一个是马丁·布伯（Martin Buber），一个是马丁·海德格尔（Martin Heidegger）。在今天的英美世界，他们不算是主流的哲学家（英美世界非常重视主客观对立那种形式的认识论），但对临床工作而言都很重要，其著作值得一读。

成为实在

心理现实既然是第一位的现实，那我们应该如何去"成为"它？西格蒙德·弗洛伊德（Sigmund Freud）把无意识放在了比意识更接近纯粹实在的那个点上（他的模型都基于一个观点：更重要的东西在下边），它既是我们快乐的源泉也是我们痛苦的来源。在他之后也有很多人论述更深的社会无意识、文化无意识、集体无意识，越来越深，也就是某种更实在的东西处于下边，下边的东西托起了上边这些更真实的东西。注意，这些理念对于中国人而言并不颠覆，因为我们本身就非常重视地或者土的作用；但对于西方认识论而言是颠倒的。西方知识论最著名的隐喻就是"光"，"上帝说要有光，于是就有了光"。上帝为什么叫上帝，不叫下帝、地帝或者土地爷？那就是因为某些更纯粹的、更真的、最大的实体（上帝是最大的实体）是位于我们之上的（above of all）。新柏拉图主义的流射说也借用这样的比喻，万物从那些最为纯粹的"太一"❶中，不断往外流，每流出一层，下面的一层就会变得更加粗，变得更加浊，所以第一位的实在显然是要在上面的上面。然而，弗洛伊德居然强调，基本的东西在下边的下边，他的后继者更是不断地揭示出下边的下边的下边……所以第一位的实在，究竟是降临于我们，还是涌现于我们？降临就是自上而下，涌现就是自下而上。我们中国人，其实是比较均衡地重视天、地、人三才的因素的。

所以，为了能够更多地亲近于实在、成为实在，我在这里提出一个方法论的总纲，是三个结合：**文献方法与田野方法的结合，概念思维与象思维的结合，正的方法与负的方法的结合。**

文献方法就是读书、读文献，看起来这是从上而下的，总结、积累的经验、知识能够流传下来，对我们而言都像是从上面降临于我们。田野方法是从人类学方法中借鉴的，我们临床的这个空间，相当于广义田野的一部分，所以弗洛伊德本人可以被视为从事一种精神分析人类学的研究。**对于学习而言，读文献、做治疗，这就是文献方法和田野方法的结合。**

那么概念思维与象思维的结合呢？大家现在常被训练的就是概念思维，我写作的内容主要也是以概念思维的方式呈现的。来访者开始讲他的自身经历——我是×××，我××××年做了什么，我觉得自己得了××病……这些也都是概念思维，**病人的问题就在于，他把他自己的实在等同于这一系列概念，而且往往这些概念不是他自发产生的，而是别人加给他的**——我的医生说我得了××病，我周围的人都

---

❶　罗马时期最大的唯心主义哲学派别是以普罗提诺为代表的新柏拉图学派，它的主要特点是发挥柏拉图学说中的神秘主义思想。普罗提诺认为万物的本原是神秘的"太一"。它是绝对的、超存在的神，由它流出万物。

说我是×××的人……他被粘连上这种概念的实在，使他远离了自己的实在。象思维❶跟概念思维是对应的，或者是对立的，它在西方显然不是主流，西方人太擅长概念思维了。而我们的一些经典，比如《易经》《黄帝内经》《道德经》，是训练象思维的典范。我们在临床中也会使用一些意象（比如荣格派），这些"象"，或者来访者的想象的"象"，距离真正的"象"，大象的"象"，其实还是很远的。**心理现实可能更多的是以象思维、象本身的方式呈现。**

什么叫正的方法？就是积极的、加的方法，学习的方法，获得的方法。负的方法就是无为的方法，忘记的方法，损的方法。为什么要强调负的方法？当你什么也不做的时候，那些实在就降临了，或者涌现了。当你要做很多的时候，"满山遍野找牛"的时候，牛被你自己赶走了，当你坐在那里不动、睡觉的时候，牛可能就回来了，就卧在你旁边了。初学者往往非常倾向于正的方法，比如读者们读这本书，一定想"我得学点什么，我得把什么东西从张沛超的脑袋里拿过来，装我这儿"。如果看完这本书，你觉得糊里糊涂、若有所失，对劲不

---

❶ 王树人教授首次提出了"象思维"的概念，象思维，指运用带有直观、形象、感性的图像、符号等象工具来揭示认知世界的本质规律，从而构建宇宙统一模式的思维方式。象思维将宇宙自然的规律看成是合一的、相应的、类似的、互动的，借助太极图、阴阳五行、八卦、六十四卦、河图洛书、天干地支等象数符号、图式构建万事万物的宇宙模型，具有鲜明的整体性、全息性。象思维以物象为基础，从意象出发类推事物规律，以"象"为思维模型解说、推衍、模拟宇宙万物的存在形式、结构形态、运动变化规律，对宇宙、生命做宏观的、整合的、动态的研究，具有很大的普适性、包容性。象思维是中华文化的主导思维，是原创性的源泉、原创性的母体，是提出和发现问题的思维。中医相关理论的形成很大程度上来源于象思维。

本脚注参考文献：

梁永林，刘稼，李兰珍，等．象思维是中医理论的思维方式［EB/OL］．［2025-03-12］．https：//www.zysj. com. cn/ach/xiangsiwei/1270-5-0. html.

吴彤，黄龙祥，李刚，等．象思维［EB/OL］．［2025-03-12］．https：//www. zysj. com. cn/ach/xiangsiwei/index. html.

对劲呢？如果出现这样的状况，我要恭喜你，对！恍兮惚兮、恍恍惚惚，就是蛮到位的状态。

超体

对于绝对实在，我对它有一个新的命名，因为我的名字里有一个"超"字，把它命名为"超体"（与电影《超体》无关）。

什么叫超体呢？**一切可能性的集合，就叫超体。**比方说我今天吃了米饭，没有吃面，但我是可能吃面的，尽管在实体层面，我吃了米饭没有吃面，但面就包含在超体当中。你也许会觉得，这样不是好随意吗？这样的话，超体岂不是根本没有边界？不是的，毕竟我无论如何不会吃很肮脏的东西。因此，这些可能性都具有现实性，在心理层面上都是实的。为什么看别人家的孩子受虐，我们心里这么难受？因为你只要见证了这些，你自家的孩子就已经在这个超体中受到了虐待。有人会问：张沛超，你讲这个有什么用？**在临床工作中，大量的东西都在超体里运行，来访者在很多时候给你讲了一个模模糊糊的可能性，我们的工作是随他一起进入到那些模糊的可能性里，把那个模糊的可能性给说清楚。**比如来访者说："如果我当时听他的就好了。""如果当时×××陪着我就好了。""如果我当时×××就好了。"他的朋友可能会劝他："这不是没发生吗？也改不了了，别想了。"而我们站在超体实在论的立场上，就反其道而行之。他为什么会这样想而不那样想？他所想的已经隐含在那部分超体里了，只不过，这个东西或状况对他而言已经是个实在，而他自己还没有成为这样的实在，或者说他被这样的实在吓得退缩，无法容纳这样的实在。**我们跟他在一起，其实就是帮助他，去体验、体会这些已经是实在的东西或状况的**

实在性。很多时候，我就是围绕这样的超体实在论进行临床工作，而且当我得到这个假设之后，我发现很多人都是这样进行的，比如弗洛伊德那个著名的治疗总纲——"Where is the id, where the ego should be."（本我在哪里，自我就在哪里）。把它翻译得文雅一点，就是"它之曾在，吾必往之"。超体，在我看起来，就是我愿意把他视为真正的那个他，所以说"本我"的译法其实已经大大缩小了其内涵。如果你能够使来访者的一切可能性都被均匀地描述出来的话，这个人的心自然就变大了、变实了，就不是虚的了。他能够容纳那些过去他不能容纳的东西。通过这样的方式，他的心就与实在连接了起来，与实在的连接就使他免于恐惧。

课堂问答

问：大象之象和照相之相有什么区别？

答：相，可以说是有形的或相对有形的。象，是无形的，"大象无形"，它不是用眼睛看到的，也不适合使用视觉性的比喻，所以你可以在有形的相中见到象，但是无形里一样会有象。"象"和"相"其实是中国哲学里非常重要的一对范畴。象的来源，主要是《易经》和《道德经》，比如《易经》"传"的部分就有象传，分大象传和小象传，《道德经》中也多次提到这些"象"。相其实更多是由于佛教的传入而引进来的，比如"凡所有相，皆是虚妄"。我在这里没有办法对此进行很专业的阐释，大家可自行深入探索。

问：如何结合案例，更深入地理解超体的概念？

答：超体的定义是一切可能性的总集。比如一只蚂蚁在球上爬，它爬来爬去就在球上形成了一条线。这个蚂蚁可以在球表面的任何地方爬，所以对于它而言，爬过的是一段线，而超体则是整个球面——它不是无限的。如果这个蚂蚁在一个圆柱上爬，那它的超体又变成了这个圆柱。对于蚂蚁或者对每个人而言，其实都存在一个潜在的超体。

所以当我们在临床中把来访者所有可能的部分，都沿着想象的轨迹推到极致（就像一个蚂蚁在具体的每个点上都可以往前、往后、往左、往右），他慢慢就能够发现自己的超体所在了。在后面的论述中，我将广泛使用这个概念，正是有这样一个奠基的概念，剩下的很多论证才能够铺开。

问：怎样理解"只有体验是绝对真实的"？

答：一定要相信体验，它是你在这个世界里最可靠的支点，通过它你能得到最真实的知识。如果你此刻觉得疼，这个疼不是你比张沛超疼，或者比×××疼，你的疼不依赖于任何其他东西，所以它是绝对的，不是相对的。所以你对这个体验要高度重视，因为它是你剩下所有相对的东西（不管复杂到什么程度）的基石。

问：两位马丁值得推荐的书有哪些？

答：两位马丁都有脍炙人口、值得学习的著作。比如马丁·布伯的《我与你》，部头不大；马丁·海德格尔的《存在与时间》，如果你看不懂，可以参考复旦大学张汝伦教授写的《存在与时间释义》。

问：个子高的看脑袋，个子矮的看屁股，如果个子高的想看到屁股怎么办？

答：很简单，你要蹲下来看，就这么简单。当你觉得非得这样看的时候，那也就牺牲了你的超体。你既然能够蹲下来、趴下来看，在潜在的超体的意义上，你能看见的比你现在已看到的和将要看到的多得多。

问：在实际工作中，家长担心孩子探索太多，感到焦虑，不敢让孩子这样。该怎么把握度？

答：孩子的好奇可能存在于方方面面，比如对性和死亡的好奇——这或许是家长自己都不敢想的，所以在这一点上家长就限制了孩子的可能性，把超体给挖走了一块。我认为，孩子每一个阶段能够往哪儿使劲，对什么东西产生兴趣，这些都是"有备而来"的，他不会提出太超出他年龄所能及的问题，关键在于家长能不能允许那个可能性发生，能不能使他的生命不至于受到挤压，不把他原本是个圆球的超体挤瘪。当然，这话说着容易，做到很难。在我养孩子的实践中，什么都可以探讨，没什么不能探讨的。所以家长自己的可能性就在影响着子女的可能性。如果家长的可能性空间比较大、超体比较大，可能就会影响到孩子的潜在超体，他们的潜在可能性也就比较大。因此，一个人拓宽自己的超体很重要。

第 2 讲

论记忆：

如何重新构建回忆

"论记忆"里也包含了"论回忆"，我没有把它们两个区分开来，因为当我们谈到记忆的时候，总要进行回忆，正是回忆才使记忆成为可能。如果你不能够再回忆起来某个东西，那么也不能说明它在不在记忆里，或者是不是记忆的一部分。

从未来出发

谈到记忆，我想每个人都会有，它隐藏于我们每日活动的背后，以至于我们通常并没有意识到，**自己是带着记忆来体验和感知这个世界的**。如果沿着时间性的维度，把当下的时间之前称为"过去"，当下的这个时刻称为"现在"，那么之后的时刻就称为"未来"，我们通常会有一种错觉，仿佛它们就是一个连续的、向着一个方向的、一个一个过的组织。但其实，时间的当下结构，也就是"现在"，几乎不可避免地与未来和过去纠缠在一起，而且非常有意思的是，**首先是未来**。正像大家读这本书，肯定带着某种期待，哪怕你没有意识到你期待的是什么，但是你的心向着未来；而在你向着未来的时候，它却从未来转向过去——正因为你带着这样的期待，所以你希望用过去的某些东西来填充它。张沛超要讲什么？此时你可能并没有意识到，过去你对我的所有印象和认识，已经在自己的记忆中被调动了起来。**所以从未来回到过去，从记忆中激活了某些东西，这个结构被称为现在**。现在并不是位于一个时间序列中的过去和未来之间的，就像一串念珠，因为被一根线绳所穿，珠子们谁也不会跑到谁的前头。事实上，**"现在"这个结构不可避免地涉及你的回忆，而回忆不可避免地涉及你的欲望**——你希望什么？如果你现在非常饿，你想吃什么东西？在这个时候你才会想起，"哦，我以前在×××吃过×××"，或者你会打开手机 APP，想到"我应该点些东西来吃"。你可能完全没有意识到，**当下你做出某种选择，也包含了你先向前，然后从前面那个位置回溯向后（也就是记忆）的过程，是由它们共同形成的。**可以说，回忆并不是从现在这个原点出发的，而是从未来的一个点出发，未来指向了过去，在这个时候才生成了记忆。无论是未来还是过去，都在这样的一个回忆行为中被当下化了。

弗洛伊德有一个术语，我花过很多功夫试图去理解它。这个术语几乎不大能够被准确翻译成其他语言，德语是 Nachträglichkeit。这个词很长，如果你读弗洛伊德的文集，就能够发现它。它在英文中被翻译成 deferred action，在法语中被翻译成 après coup，在汉语中没有像样的译法，有些翻译成"延溢行为"，有些翻译成"后延作用"。其实弗洛伊德在这里用这样一个词来标明他所理解的记忆的本质：**记忆的本质总是被回溯性地加工的。**所以它不是一个静态的仓库，我们想象当中可能是：一个人形成记忆之后，就按照时间顺序，把所有的东西都存在档案柜的格子里，回忆就是去找到准确的缩影，然后把那个格子里的东西拿出来读取。但事实上不是这样，你的每一个朝向未来的举动都使你不断地回到这个假想的档案库，所以这个档案库一直在被搜索，一直在被修改。为什么我会从这样一个不起眼的词开始谈呢？因为 **Nachträglichkeit 这个词，它既是病理学的核心，也是治疗学的核心；它既提示了某个记忆是如何之可能，也提示了对记忆的修改或者重述是如何之可能。**

我们中国有比较连续的修史的传统，对于精神分析和心理治疗而言，也有某一类的心理治疗非常注重个人史的搜集、个人史的重新体验、个人史的编辑、新的个人史的形成。对于一个朝代的历史而言也是这样。首先我们为什么要形成历史呢？它是指向未来的，我要写给未来的人看，我要让未来的人知道过去发生了什么，做什么事情是正确的，做什么事情是错误的。正是在朝向未来的时候，我才会想：我应该记录下哪些事情？哪些事情是重要的？哪些事情可以不用记录？所以**正是在朝向未来的时候，过去的东西才会被当下化，某些事件才成为记忆。**所以记忆就其本质而言，它像是一个容器，在我的记忆里，我回忆到什么样的内容，就像我从一个陶罐中拿到了什么颜色的球。但事实上，**这个容器是非常动态的，它每天都在变化，每分每秒都在变化。**

记忆是人格和症状的基础

有一位生理学家，曾经获得过诺贝尔生理学或医学奖，他的名字叫埃里克·理查德·坎德尔（Eric Richard Kandel）。他写了一本书叫 *In Search of Memory：The Emergence of a New Science of Mind*（《追寻记忆的痕迹》，罗跃嘉教授翻译过这本书），他曾经接受过精神分析的训练，且曾有志于做一位精神分析师，但最终他做了一个生物学家，或者说生理学家，他发现我们的记忆其实是有物质基础的。他研究用的生物都是非常原始、非常简单的，例如海兔和一些腔肠生物，但揭示的记忆本质是一样的。从纯粹的唯物主义的角度来看，我们的记忆只不过是大脑中一些化学分子的组合而已。已经成为常识的是：从我们的胚胎形成大脑一直到死亡，甚至包含死亡之后的几个小时乃至几天，大脑几乎昼夜不停；如果火化不及时，大脑仍然在进行着化学反应和电生理反应。这也就意味着，我们的大脑对记忆的存储并不像硬盘一样，是一个比较刚性的结构，而总是处于一个可被当下经验修改的状态当中。所以**我们的记忆，其实就是我们人格的**

基础。如果一个人做了类似换头术的手术，或前文中提到的"缸中之脑"手术，只要带着那些物质，你一直以来所做的这个"人"（哪怕根本就不是人，只是一个反应器中的大脑），仍然觉得自己是有人格的。既然无论从存储介质来说，还是从实际的日常体验来说，记忆本身都处于被修正的可能性当中，那我们的人格其实也是有可塑性的。

不光是人格，**我们的症状也是以记忆为基础的**。为什么这样讲？在这里我要稍稍扩展一下。记忆其实有很多种，我们现在比较惯常使用的一个含义，其实指的只是外显记忆当中的自传体记忆——我们把它跟我们的人格密切地联系在一起，因为只有在这种方式下，我们能够回忆并且讲述我们的故事。所以我们更愿意或更习惯于**把我们的自传体记忆（或者叫叙事体记忆），视为我们人格的等同物**。然而外显记忆并不只有自传体记忆，你所知道的，只要能够说出来的，都是外显记忆；与外显记忆对应的，或者相反的，是内隐记忆。内隐记忆并不能够被回忆出来或者讲述出来，但是如果对你做出一些刺激，你能够产生一类相似的反应，这代表你也记住了，这就是内隐记忆。我们的内隐记忆有很多种，对于内隐记忆的研究，主要采用的是启动效应（之前受某一刺激的影响而使得之后对同一刺激或类似刺激的提取和加工变得容易的心理现象❶）。我们提到内隐记忆，是由于**我们的内隐记忆，往往是我们的一些看起来难以理解的反应的原因**。一些内隐记忆对我们不会产生什么坏处：一朝学会骑自行车，那基本上你这一辈子都会骑；学会了游泳，即使隔上好几年不游，把你扔到水里，身体仍然能自动回忆起细节，经过几个小时的重新练习，你就能游得跟

❶ 本定义出处：启动效应［EB/OL］．［2025-03-21］．https：//www. termonline. cn/wordDetail？ termName＝％E5％90％AF％E5％8A％A8％E6％95％88％E5％BA％94＆subject＝a7dedcd926b111ee9fa9b068e6519520＆base＝1.

以前一样好。但是一些内隐记忆是不被我们欢迎的，比方说你一登台就发现自己脑子里一片空白，甚或有非常严重的生理反应——出汗、身体抖，有些时候会真的晕了过去。如果你在你的外显记忆、自传体记忆当中寻找线索，你不能够回忆起来，是什么导致了这些。这些似乎不在我们的人格里，但是同样的反应一而再，再而三地被激活，这也提示着哪怕它不在你的人格里，它也是你的一部分。这些记忆往往就是给我们带来痛苦的创伤性记忆，尤其是一些躯体层面的对于创伤的反应，强度如此之大，以至于我们往往难以置信。这些东西不被意识所理解，意识只能在旁边呆呆地看着这一切发生。

我讲述以上内容，其实是想要引出一个观点，关于在记忆或者回忆的体系下，我们如何重新看待精神病理现象，或者精神病理学：其实**我们的一切精神病理现象，追溯到本质，可以被视为，多重记忆系统之间的不同步、不兼容、不相互沟通所致**。这就会让我们感受到，有很多东西不在我们的自传体记忆里却强烈地干预我们当下的世界。从这个意义上来讲，弗洛伊德所说的"无意识意识化"或者"本我在哪里，自我就在哪里"（我曾把它翻译成"它之曾在，吾必往之"），其实都是在**促进不同记忆系统之间的沟通和交流，使它们尽可能同步化**。如果你能够充分体验某一个强烈的躯体记忆，在这个躯体记忆当中某些被压抑的或者被隔离的情绪或者情感被重新唤起，并且为它命名，充分理解该情绪或者情感生起的诸条件（或者说它的背景，或者说它的情境，或者说它的缘起），那么这一部分记忆系统就可以融入我们的自传体记忆当中，我们的自传体记忆就会变得丰富，不空洞，不缺失，而且更加动态化。

创伤的痕迹

从本文所述的意义来讲，一个社会为什么要强调修史呢？如果我们回望过去，当我们的群体记忆是间断的时候，它也会给我们带来一种没有根的，继而引发恐惧的感觉。所以在这里又带出一个新的词语，叫"集体记忆"，其比较拓展的形式叫"文化记忆"。一个集体可大可小，最小的单位可能是一个家庭，最大的单位可能是一个时期的一个民族，如果某一个事件发生之后，在集体成员的大脑当中都被沉淀下来的话，这种沉淀本身并不随着某个个体的消亡而消失，所以就像是一个集体层面的存储介质记住了某个事件一样，这个事件可以形成这个集体的自传体记忆。以方志或断代史记录下来的事件也有可能被遗忘——被有意识地遗忘，那就带来一段自传体记忆的真空（这里指的是集体层面），**尽管它在集体记忆的外显层面消失了，可是在内隐层面依然留存下来**。现在，我们已经能够在一定程度上理解，这样的留存有比较坚实的物质基础。比方说，一个种群发生了一个比较严重的创伤性事件，那经历事件的人们可能在一段时期内处于应激的身心状态。这个状态会带来什么呢？会带来多种激素（如糖皮质激素）水平的升高。这又会带来什么影响呢？它可能会作用于生殖细胞，对于男性，它可能影响精原细胞；对于女性，可能影响更为深远，因为卵细胞发展到双线期后，就停滞在卵巢中等待被排出，在这个很长的时期内，如果发生创伤事件，过高的激素就有可能进入细胞核内，进而可能永久性地关闭或者下调某些基因的表达。看起来，**在物质水平上**，集体的创伤就被记载下来了，当这样的精子和卵细胞结合，**可能下一代一开始就携带了群体水平上的一种创伤的痕迹**，他相应的某些脑区可能就不会得到充分的发展。群体层面的记忆同样可以通过此种方式传递给下一代。

发生的东西永远都不会消失，它就存在于那里。所以如果你想要从一个记忆当中解脱出来，你首先要明白记忆的是什么。但是往往很难做到，因为记忆本身可能是痛苦的，它伴随着某些情感的唤起，所以我们可能对于如何避免记住某事做了很多层的防御，比方说解离的症状，简单来说就是使你的意识涣散，之后你就不能那么清晰地、鲜明地体验到创伤，尽管它是一个创伤后的现象。解离本身就是一个防御机制，可以使情感与思维内容分开，使情感里面非常复杂的部分分开。比方说在正常情况下，爱和恨是在一起的，通过解离，爱跟恨就分开了，之后通过投射，就变成了爱一类人，恨另外一类人，这样一来，内在世界跟他所体验的外在世界都变得片段化（fragmentation）了。

创伤带来的一个另外的反应往往是闪回。闪回就是强制性地回忆——你根本就不想去想。我们能够在一些影视作品当中看到这种桥段：当事人感觉自己快要回忆起某事的时候，就会非常非常的痛苦，他可能会捶自己的脑袋，他想要把什么东西给捶出去，这种闪回就不可避免。大脑自己在做什么呢？这种重复完全没有任何快乐的色彩，大脑为什么要这样做呢？**大脑希望通过闪回来建立记忆，或者说使它的两套记忆系统之间能够建立起沟通，以便使某一类记忆也能够进入到自传体记忆当中**。所以当弗洛伊德在他的著名论文 *Remembering，Repeating and Working-through*（《回忆，重复与修通》）当中写回忆、重复与修通的时候，即使他并没有提到"闪回"，但有对类似现象（重复）的描述和探讨。且他一定观察到了另外一类重复，这类重复显然不带有任何积极的或者享乐的色彩——从快乐原则（这是他前半生或者说他理论的前半期所聚焦的论题）出发，这很难理解。在弗洛伊德所在的那个年代，有没有关于闪回的系统研究呢？或许成问题，因为"战争神经症"或者"炮弹神经症"是他的弟子们所使用的术语，他会在字面意义上去理解它，但未必能够亲身体验它。

强迫症或抑郁症不是一种闪回式的重复，而像是一种思维反刍。反刍就是像牛这样的生物，把食物吃到胃里面之后，再把胃里的食物返回到嘴里来嚼。强迫症或者抑郁症就有这样的特质。大脑为什么要以这样的方式让主体受苦呢？对于其意义的一种理解是，**整个记忆想要努力保持自己的连续性**。正如上一讲所说，如果你睡一觉醒来不记得昨天发生了什么，比一般的断片还要严重，那是一件多么恐怖的事情。所以**回忆本身就是一种努力建立起人格的，或者说记忆的（在这里记忆指自传体记忆的）连续性的尝试**，而正是这样的尝试成了某类疾病的一个症状。在这种情况下，为什么尝试屡屡不能成功呢？除了有不断回到那个创伤点的努力之外，还有另外的一种努力，就是对回忆的阻抗。我们在临床当中需要大量处理对回忆的阻抗，它可能会体现为多种形式，比方说**移情本身就是一种对回忆的阻抗**。"我见了你，我不想把你体验为一个全新的客体，我也不想联想起你所引发的，我对于我的一些早期客体的爱恨情仇，我就是想像过去对待那些人一样对待你……"，这些行为其实就是对回忆的阻抗的一种显现，必须通过对移情的系统诠释才能够被修通。

在没有进行这样的修通之前，我们可以说是"被记忆所拥有"的。怎么叫"被记忆所拥有"？记忆本身存储了你曾经的一切行为、一切心念、一切感知、一切情绪、一切意象，可是你没有办法控制它们，你在躲闪着它们。所以在这种情况下，记忆比你"大"，你处于这些记忆当中，它拥有着你，它在暗处，它也在控制着你，你拿它没有办法。尽管你在努力地、被强迫地回忆着，可是你本人却不能把这些东西整合成自己的记忆。所以，通过系统的修通，你将**从被记忆所拥有，走向你拥有你的记忆**——你形成了你的记忆，在这个时候你就是这些记忆的主人。这不就是从记忆或者回忆的方面，对弗洛伊德那句话的一种诠释吗？那句话的德语我从来也没有好好地学会过，但其意思就是：它之曾在，吾必往之。

超体永不消亡

看过电影《寻梦环游记》（Coco）之后，我有很多感想，让我意识到这应该不是一个只供孩子娱乐的影片。在这里没有必要讲述这个故事的全部内容是什么，我只想分享它与记忆或者回忆相关的部分。它的结构就是人死之后，去了另外一个世界，那个世界（阴间世界）是非常美妙的，那里的人（鬼）们就跟在阳间一样，大家生活在一起，而且看起来更加戏剧化、更有魔幻色彩。但阴间世界有一个特点：如果某一个鬼不能再被阳间的人所回忆——要么是阳间的人不想他了，要么是阳间能够想他的人死光了，那这个鬼居然也会从阴间世界消失。消失去哪里了呢？他们也不知道——如果你不再被回忆（不管是被哪个世界当中的人所回忆），那你就彻头彻尾地从世界当中消失了。当然你可能被其他的东西所回忆，比如被一棵树所回忆，被一块石头所回忆，那这样的话你也没有办法在这个人（或者鬼）的世界当中被理解了。所以你能够看出，为什么至少作为中国文化的一部分，我们争先恐后地被记住、被惦记，逝后要作为"列祖列宗"，要有香火、有吃有喝……这是因为如果没有这些人对你一而再，再而三地回忆的话，如果与你相关的一切标记物——标记你曾经存在的事物，都消失的话，那你这个人在任何一个层面上都消失了，这是一种多么恐怖的自体崩解的危险！这是一种大崩解，是一种湮灭式的崩解。所以被记住，至少在我们的文化里，变成了一种非常强的驱力，我们可以通过做事，做很大的事，变成伟人被记住；如果不能这样，我们起码要在自己的家族和家庭当中被记住，即使没有后代或者不打算被后代所记住，也会在这个世界上做其他的事而被记住，比如在网络上做点什么，被一些人点赞、怀念、念叨、想象。所以，只要有人记得你，哪怕这些"记"存在于非常非常不同的方面（你在生活当中被人记住是由于你做了某些事，你在网络空间当中被记住是由于做了另外的一些事），哪怕记住你的人们之间相互都不认识，但是你仍然在这个世界当中留下被回忆的可能性，其实你就在以这样的方式，克服着一种对死亡的焦虑：要么被记住，要么就彻底完蛋。就像科研圈流传着一句名言叫"publish or perish"，翻译得粗一点就是"要么发表要么死"。如果你的思想还没有被人记住——被记住的前提是要有广泛的发表引用，那你基本上就相当于没有思想。所以**一个人自体的存在，相当于他经验自体的、主观经验的存在，依赖于他的自传体记忆，以及可能被他的自传体记忆所容摄的一切可能性。**

一个人的超体比这个要大得多，因为随着肉身消亡（哪怕肉身没有消亡，比如患阿尔茨海默病或成了植物人），主观经验就基本上等于零了，这个时候就谈不上自体了，但是超体仍然存在——你在这个世界上带来的任何印记，都是你超体的一部分。哪些部分更有意义呢？你被你的同类所记住的一切，显然在超体当中处于比较重要的区间或者区域。如果你去世了，而你养的一只龟能活几百年，它记得你，你在它那里留下了痕迹，这仍然是你存在的证据；哪怕连这只龟都没有，你在这个世界上走过的所有的路、捏过的橡皮泥、摘过的树叶、留下的一切痕迹，它并不随着你的肉体的消失而消失，所以最广义的记忆，就不只是你本人的自传体记忆，甚至也不只是所有人（无论是同时代的人，还是未来时代的人，又或是流芳百世的那些人）对你的记忆，而是这个宇宙对你产生的一切可持续存在的反应，这是从另外一个角度定义你的记忆。

一个大的记忆，一个无限拓展外延的记忆，就是你超体的显现。所以我们能够看到有一种冲动是，一个人需要不断拓展他的超体，使他的超体由局部的变成全面的，它要对这个世界产生影响。有些人热衷于影响当代人，有些人热衷于影响后代人，有些人影响身边人，有些人影响陌生人，这也是为什么在临床中，当来访者有回忆性行为的时候，我们希望努力体会在他回忆性行为中的经验的总和，就像完形心理治疗有时的做法一样，那个场当中还有很多其他人，他是怎么想的？那个是怎么想的？这个可能会有怎样的感知？那个可能会有怎样的感知？这样的方法其实是使某些超体显现，如此意识就会逐渐拓展，从非常狭窄的，被这个症状所束缚、所囚禁、所绑架的意识状态当中解放出来，进入到一个更大的意识。当你听了这些，你感觉到被影响，你感觉到共鸣，你感觉到这就是一直以来你所体验到，但是未曾说出、未曾清晰意识到的，在这个时候，其实我们就在一个超体当中相遇了，这不是靠你努力回忆自身的某些经历得知的结论，而恰恰是你放空了自己，让自己接受这些东西。**所以，无限地（或者说尽可能无限地）拓展超体，并不是说你要努力做点什么、努力回忆什么，而恰恰是不要有回忆性行为，也不要有欲望性行为。**在这个时候，你的心会自然地敞开，向着那些由于你非常执着于个人意识而忽视的那些幽暗的超体敞开。比昂有一个说法，"无欲无忆"——没有记忆、没有欲望，在这个时候我们就在绝对现实当中相遇了，我所谓的"超体"几乎是从他所谓的"绝对现实",即"O"那个概念,一脉相承下来的。

最后,我以一句话来结束这一讲,这句话来自我的分析师。**One cannot forgive if forget.** 因为同韵,所以这句英文听起来很顺。如果用汉语来讲的话就是,"如果一个人忘记了,那他事实上就没有办法宽恕"。如果我们忘记了自身,或者忘记了我们种群的历史,那我们也谈不上宽恕,所以尽可能地回忆是很重要的。

课堂问答

问：有的时候我们的记忆里会出现一些实际上没有发生的事情。比如想成功地画出一幅油画，希望得太久、希望的次数太多，就好像自己真的曾经做成过一样。与此类似，咨询中也会碰到一方说事实是这样，另一方说事实是那样的情况，双方都认为自己的记忆最牢靠。遇到这样的情况，咨询师怎么办？

答：这里涉及一个精神分析术语叫"似曾相识感"，比如你某一天走到一个地方，感觉自己好像来过这个地方，且记忆的清晰程度让你震惊。这种现象并不奇怪，我本人也有过这样的经历。对于这种事例的解释有非常不同的说法。大家更愿意相信这跟自己的前世有关，大家不愿意相信这只是我们神经的异常放电，类似于癫痫患者大脑的异常放电。哪怕神经学能够解释这些事情，可是它不能解释为什么我们在有些时候有这样的反应，有些时候就没有。哪怕是放电，也并非所有的放电都产生这样的反应，反应为什么是这样？不是其他的样子？就像前面的例子，想画出油画就真的觉得已经画出来了，那么这幅油画究竟是怎样的内容？因为它并不是随机的，在这个无限的可能性当中为什么涌现了或者降临了这样的一种可能性？这幅画其实本身就在你的超体里，在你的可能性的总集里，所以哪怕它是某种神经电活动，它里面的内容就是你超体的一部分，这是一个机会，你的超体向你呈现某些很重要的面向。**不光是这个呈现本身，以及为什么它要在这样的时刻向你呈现，其实提供了一个使你的心转向它、敞开它、**

体会它、进入它的机会。

同样，来访者，或者一个来访家庭中的成员，对同一件事情的记忆完全不同，我们可以说这符合某种虚假记忆综合征的一个特征，或者说是由于他们的立场不同，选取的内容不同。每一个人都觉得自己相信的事情是真的——他在这一点上没有必要骗自己，通常情况下，这个"真相"就是他超体的一部分，哪怕它在当下或这个人的物理空间当中没有发生过，可是在他的超体里一定发生了。为什么我敢这么说呢？每一个呈现都不是凭空诞生的，每一个呈现里都有非常丰富的因缘，而这些因缘蕴藏在超体当中，所以它给了你这样一个机会来探索，这个呈现背后，是否还有更大的、更全面的、更完整的呈现，这些不应该被忽视。咨询师应该怎么做呢？**咨询师应该把这些东西都视为真实。**我们为什么要先"论实在"，因为这些统统都是实在，**不同的记忆，就是不同的实在**，这些不同的实在背后，都有着更基础性的实在，你需要使你的心向着这些实在不断敞开。

问：如何理解"向着幽暗的超体敞开"？

答：如果对回忆的过程没有任何阻抗，那我们早就回忆起了一切事物，也就不存在回忆这回事了；如果朝向记忆的回忆百分之百都被阻抗，那我们也就没有记忆这回事了。所以中间的那些，你试图努力回忆，又没有完全回忆清楚的，都是一些黑暗的力量，是相互斗争的结果，用自我心理学术语讲就是"妥协形成"（compromise formation），这个词本身是弗洛伊德发明的。看到这个现象，我们自然会很好奇：使我的行程如此艰难、如此曲折的动力究竟是什么？双方的动力都是存在的，双方的动力就是超体的一部分。我打个比方来说，今天的青藏高原在很多亿年以前是汪洋大海，正是由于印度洋板块向亚欧板块移动，才把中间的山脉挤出来了，所以山脉是其下那些看不见的、更大的大陆板块相向运动的结果——这其实就是通过一个现象来看待背后的超体，你在一个山脉前面，如果你能够看到它是挤出来的结果，那也就看到了背后的超体。

问：既然记忆有真有假，通过不断劝服自己、说服自己，会不会使某些东西成真？这种做法是不是有益呢？

答：一个人不会无缘无故这样做，如果你发现一个人这样做了，那背后肯定有一些幽暗的部分是你不知道的。为什么一个人就要选择这一部分，觉得它是真的呢？如果从纯随机的角度而言，其他任何部分也都有被选择的可能性。所以要把这些东西视为实在，一种显现，而背后有更大的实在，最大的实在就是超体。

问：如何发现被忽视的东西？是要尽可能找更多的咨询师和咨询流派去尝试吗？

答：一般而言是这样。与人打交道越多，和他共同分享的那一部分超体就越可能呈现出来，因为超体的某些部分指向人来显现——**如果你跟一个人分享了一部分超体，那你跟这个人共同去探索就更加能够与这部分超体接触和融合**。就像我本人作为咨询师的工作而言，当我听到的越来越多，我越来越能够深深感觉到我跟每一个来访者的命运（或者说超体）的共通性和连接性。这并不是说有一类病人像你，而是所有的病人都像，背后有着更为基本的东西，而在那里我们连在一起。

问：一个人童年的记忆怎么回忆也回忆不起来怎么办？

答：没关系，你记得：**所有发生的都没有消失，它们仍然储存在**

可能性空间里。 某个东西，只有当心敞开得足够好，时机足够好时，它才会显现出来。通常而言，一个人的童年记忆能够被回忆起的越多，这个人的人格的连续性越好。但是这并不意味着逼迫一个人努力回忆一定能够取得效果，我们能够在临床中看到很多人对儿少时期的记忆也想不起来，这不奇怪，你要相信，随着治疗的进展，这些都会呈现出来，它们一直在那里，超体永不崩溃！

问：对超体了解得越多，就越明白人性是相通的，对吗？

答： 不光人性是相通的，万物性都是相通的。

第 3 讲

论知识：

知识如何赦免我们

谈到知识，我们很自然地就想到一个词叫"知识分子"，即拥有知识的人。看起来，知识是个好东西，可究竟什么叫"知识"呢？"知识"有没有分类？有没有"真知识"和"假知识"？有没有更真一点的"知识"？"知识"一定是好的吗？"知识"有什么样的用处？这些不光是关乎哲学、宗教的问题，也是关乎心理学与心理治疗的问题。

精神分析被弗洛伊德定义为"它也是理解人类心灵的一种知识的集合，它也是一个知识的系统"。苏格拉底也曾经说过（这是引用德尔菲神谕）"认识你自己"，这把"知识"从天上拉回到地上，从物质拉回到人心。在他那个时代，很多人关心世界是怎么构成的、世界是怎么运动的、世界的本质是什么样的，这些更像今天我们所讲的自然科学的知识。苏格拉底认为这些知识都不是那么重要，最重要的是人应该拥有对自身的认识。作为一个前提条件，一个人要知道"自己是无知的"，这很重要。一个人觉得自己已经是"有知"的，那为什么还要求知呢？这里有一个过程跟临床心理治疗的过程是同步的：一个人之所以要来看病是因为他知道自己有病；一个不知道自己有病的人可能会被约束到精神科，但不大可能约心理治疗师、精神分析师。这个来找你的人对自己有所知道，但是他知道自己知道的这些东西是不彻底的，如果他知道了所有，他也没必要来找你。**所以一个人总是带着对自身不完善的知识和求知之心进入临床情境的，哪怕他本身对此无知，他可能只是觉得很痛苦。**

西方知识论

关于"知识"，哲学专门有个分支来对付它、琢磨它，这个分支叫认识论或者知识论，英文叫 epistemology。在西方的思想谱系当中，知识论是一个比较骨干的部分。当然，这不是说从始至终它都占据显学的位置，至少在中世纪，知识更多是认识上帝的仁慈、上帝的力量和上帝的美德，在古希腊更多是宇宙论和本体论。从哪里开始，知识论成为西学的主干呢？从笛卡尔开始。笛卡尔与苏格拉底一样是富有怀疑精神的人，与苏格拉底非常不一样的是，苏格拉底问别人，笛卡尔问自己。大家不要小看笛卡尔所设立的知识论的基础，他影响的人实在太多了——他当然影响到弗洛伊德，因为弗洛伊德也是一位怀疑大师，他也努力地探索什么是可信的、什么是知识，为它找一个阿基米德点。笛卡尔不断对自身进行检省，终于发现了一个点：我可以怀疑我自己是不是在写作，我可以怀疑我手边有没有一个手机，我可以怀疑我自己是不是张沛超，但我不能怀疑的是"有个怀疑者"。这一点就成为笛卡尔的阿基米德点。

但是笛卡尔没有回答一个问题：我今天睡前认识到有一个正在怀疑着的自己，晚上我睡了一觉，做了个梦，梦中有一个人，这个人不在我的怀疑体系内，他做了很多事情，那这个人跟我是怎样的关系？**笛卡尔的体系似乎不能回答那个梦中的自己的主体是怎么一回事。**这个梦做完了，第二天，醒过来之后，我又发现了一个怀疑着的自己。那么问题来了，昨天怀疑着的我与今天怀疑着的我是一个人吗？凭什么说是一个人呢？笛卡尔的支点不能解决这个问题。

在我看来，弗洛伊德正是在这一点上超越了笛卡尔，**弗洛伊德提出无意识的概念，这提供了一种日间生活和夜间生活的连续性**，也提供了被夜间生活所分开的两个日间生活的连续性，当然这是最简化的模型，你可以把它推广到你一生的生活，从你记事之后到糊涂之前。什么在保持着连续性呢？**无意识在保持着连续性。所以真正的支点不**

应该是一个我思的自我，真正的支点应该是一个无意识的主体。

当然，弗洛伊德在很多个方面超越了或者说扬弃了笛卡尔。除了"知识"这一部分，大概说起来，还有"移情"和"心身关系"。弗洛伊德对于"移情"的发现，解决了笛卡尔的问题里包含的"他心"问题：两个孤立的主体之间如何能发生感应和认知？这靠移情来解决。笛卡尔把"心身关系"的交互定位于"松果体"，只有一个焦点，而弗洛伊德把它推广至几个性敏感区，这样至少有口唇区、肛欲区、性器区三个连接点。

所以我们应该留意到从苏格拉底到笛卡尔，从笛卡尔到弗洛伊德（当然这之间有很多大咖，包括康德），事实上是西学知识论的一个系统。精神分析从弗洛伊德之后，其实也有自身的知识论系统，精神分析是考察有关人类心灵的知识，对这些知识的系统化就形成了精神分析认识论（精神分析认识论的集大成者是比昂，后文会说）。我们至少可以看到，作为西学思想史骨干的知识论，总体而言它是肯定知识的，肯定知识的真理性、肯定知识的有效性。它认为诉诸人类的理性，我们可以得到确定的知识，而且这个知识不光有利于我们认识自己，也认识世界、改造世界，所以在西方，知识是一个非常正面的词汇。在这里你也能够看到，西方心理治疗流派的骨干部分，不管是精神分析还是认知行为治疗，尽管它们的人性论截然相反，但是都肯定有关自身知识的真理性和有效性，通过自知来改善生活。只有为数不多的流派，比如存在主义、人本主义，可能更重视体验那一部分，当然，体验的部分也可以说是某种知识或者洞察。所以大家要注意，总体而言，**西方心理治疗流派背后对知识论持一种肯定的态度、积极的态度，哪怕它们各自的认识论是不一样的。**

东方知识论

与之形成对照的是东方的知识论传统，当我们谈到东方知识论的时候要注意，它其实是一个"假"的词汇，东方的学术是以道统、学统为中心，道统和学统的特点就是不分科，文、史、哲、医、兵这些都不分科，更别说哲学内部还分成宇宙论、本体论、知识论、美学、伦理学，这是不可能的，所以把"东方"与"知识论"放在一起本身就是一个扭曲的概念。我们不得不用西学当中的词语、现成的范畴来看待东方的东西。儒家几乎没有追求客观知识、绝对知识、跟人无关的知识这个爱好，可以说从头到尾都没有，我们不得不承认儒家这种对知识的态度的确阻碍了科学技术在中国的发展，因为它对于这些没有什么用处的、跟人没有关系的纯粹知识、绝对知识不感兴趣。儒家的知识论可以用"经世致用"这四个字来形容，如果某个东西对于在此岸好好生活没有帮助的话，它就没什么用。

尽管客观知识，包括逻辑方面的技巧，在墨家有过萌芽，但是在儒家占据主流之后，那种知识很快就没什么用处了。

在比较极端的情形下，道家甚至要"绝圣弃智"——最好把知识放弃了，没有用。老子和庄子根本没有对某方面学问进行系统探讨的爱好，就别说知识有什么用处了。只要提起"用"，道家都摇头，最好是没有用处。我们谈到，知识与记忆和回忆是有关系的，一种程序性的记忆可以说就是一种程序性的知识，一种外显的记忆可以说就是外显性质的知识。知识一定要被记起来才叫作知识，但是在庄子体系那里，"忘"是非常大的美德，不是记住。可以说，庄子的爱好就是"忘忘忘忘忘忘忘"，以至于发展出"坐忘"这样一个具体的技术。所以道家的知识论也是消极的，跟西方那一套截然不同。

所以，以中国为代表，东方的知识论跟西方的知识论不一样，而且其趣味不一样、获得知识的途径不一样、获得知识之后有什么用处也不一样，**所以一个本土化的心理治疗势必发生一种知识论的转向。**前文讲实体的时候，我们就已经预见，本土化的心理治疗会有本体论的转向；讲知识的时候，相应推断出，本土化的心理治疗也会有知识论的转向。那么，会不会也有经世致用的转向呢？会不会也有绝圣弃智的转向呢？我认为这些转向都已经在陆续发生着。

超体是一切知识之总集

刚刚已经提到，知识与记忆是密不可分的，如果你不能回忆起一个知识，那算你获得了什么知识呢？你明明学过，但是到考场上不记得了，那评卷老师很自然就认为你没有这种知识——这些属于外显的、可以说出来的知识，你是没有的。如果你考驾照，倒车入库没倒好，考官也会认为你根本就没有学会——尽管这些知识不是用来说的，而需要去程序性地执行，考官也会认为你没有相应的程序性知识或者经验。对心理治疗而言，它既包含一些面上的、能说清楚的、外显的知识，比方说如果你想考证，你就得答一张卷子，写下那些属于陈述性知识的内容，你就得靠回忆；也包含内隐记忆，要考察实操，理想情况下是考察再认的能力。再认与什么有关呢？再认就与你的经验有关，这个病种你看得越多，这个模式你见的次数越多，你越能够在这个模式还没有完全显现出来的时候就已经能够再认出它，这就考察了你的内隐知识、程序知识或者经验。

我们不禁会想，所有知识的源头是什么？这些知识究竟是被我们研究出来的，还是本身就在那里？对于一个个人而言，你可以说是你研究出来的。对于人类群体而言，有没有一种可能，这些知识，不管是数学知识还是精神分析知识，它们本身就已经存储在"云"里，你可以从"云"中把它们下载下来；你有了知识之后，可以靠着写书、给他人讲述的方式，把它上传到"云"里。所以在这里，可以给超体一个新的定义，**超体是一切知识之总集；所以对个人的知识而言，它是超体的一个显现罢了。**

我们打个比方，如果说超体是一缸水的话，那一个人的知识就相当于他用一个勺子舀起的一勺水，当然这个勺子有大有小，你可以用炒菜用的大勺子舀起很大一勺水。舀起之后你发现勺里有水，这个水是不是被这个勺所创造的呢？不是，勺里的水本身就在缸里。所以，我们每个人，拿着自己的勺，不断地从缸里舀水，然后获得了一些属于我们个人的知识，但是那个真正的知识总集，它在"云"里、在超体里，有非常非常多的契机使我们能够舀起这一勺水。

一个人带了一个他不解的症状来，其实那就是一个邀请：你跟我一起舀一勺水吧。而他症状背后的秘密——一种秘密知识，其实本来就在那里。这也是为什么从弗洛伊德开始，我们能够在那么多人的内在世界里发现俄狄浦斯冲突这回事。你如果说俄狄浦斯冲突完全是一个社会的建构，就带来一个问题：为什么以此种方式而不以彼种方式建构？为什么这个建构不是随意的？那些随意的为什么没有流传下来？这个东西先于人的头脑。就像弗洛伊德说的，**"那神圣的光芒有生以来只照耀我一次，然而就是这一次也足够了"**。他是指什么呢？是他创作、写作或者记载《梦的解析》这本巨著的时候，他自身的灵感体验。所以正是这一系列的知识，不断地显现在分析师、病人、病人分析师、作为分析师的病人、作为病人的分析师，这么一个族群、种群里，不断地降临，或者说不断地涌现（这取决于你在视觉上倾向于把超体视为在上面还是在下面）。对于精神分析而言，当他说"潜"意识的时候，其实暗示了更"超级"的东西是在下面的。

忘却以得真知

上述视角也提供了一种消极的、否定的方法论，一种否定的知识论。如何能够得到真知呢？我们前文讲实在的时候已经讲过，有两种方法，第一个是正的方法，第二个是负的方法。正的方法很容易理解，就是积累式学习。负的方法就是不断地去忘却，为什么不断地去忘却也能够得到真知呢？在这里，我不得不使用另外一个比喻：你如果想拍照就得使用镜头，当你使用非常微距的镜头的时候，你就只能得到非常局部的一个像；或者你使用非常长焦的镜头，你就得到远处的、非常实在的一个像；如果你想得到更多关于背景的内容，那怎么办呢？当然你就得使用广角镜头甚至使用鱼眼镜头，这样背景就更多地进入到画面当中来。可以说，最大的背景就是一切存在，进入到镜头里能够成像的就是知识。我们可以采用这种方法获得非常局部的知识、非常细致的知识。但是局部化程度越高，本身的细节越丰富，跟背景的脱离就越大。如果我们只是得到了一个局部的知识，而不考察这个局部的知识镶嵌在什么样的背景当中，那我们是不是获得了某个真知呢？在我看来，这是谬误，但这个谬误正是当代人头脑当中的主要旋律，它声称什么是真的，却不交代使真、此真、未真的条件。也就是，它不知道你这张照片在哪拍的、用什么镜头拍的，对此完全没有意识，只是告诉你，拼命地告诉你，"我这个镜头里的像千真万确、无比写实"。这就带来一种越来越窄的管状视野，以致在得到了某个细节知识的同时失去了更大的知识。

对于精神医学或心理治疗而言也是这样，我们非常强调流派，某个流派像某个镜头一样，我们由此获得一些对病人的认知。一个流派把这张照片当成最真的，另外一个流派批评它，"你这是什么东西？在我的镜头里根本看不到这些"。他们都忘了，"此真成真"需要交代它的背景——你在一个什么样的背景当中采用了什么样的镜头获得了这种知识。在统计学的奠基之上，心理学被纳入现代科学，当你使用统计方法对一个群体进行描述，得到它的各种特征（比方说方差），得到精确知识的同时，不要忘了这是在某种方法下得到的真理，这个真理的获得意味着失去了每个个体独特的那部分知识，如果你觉得你得到的知识已经是知识的全体和总集的话，那就是大大的谬误，因为随着你获得了这些东西，更多的东西被失去了。

既然所有的镜头都蕴含了一个"轴"、一个视角，只要有视角，就无法描述整体，那什么样的镜头是没有视角的呢？极端的情形就是一个水晶球，一个正圆的水晶球，它从所有的角度看都是一样的，而这个水晶球将呈现万物的像，因为它没有视角。我引用这样的一个比喻，就是在论证为什么"忘"和"否定"的方法能够得到巨大的知识、很真的知识。这其实就意味着，去除一切视角的时候，超体才会向你显现。

我们这是在一个比较宏观的水平来谈论"知识"。个人的知识就是从超体当中舀出的一勺水，这勺水中可以包含内隐的知识和外显的知识、公开的知识与私人的知识，私人的知识里又包含你知道的私人知识和你不知道的私人知识。你知道的私人知识，其实就是你的秘密，你的秘密是一件很重要的东西，如果你没有秘密，就没有你这个人，因为我们的自我就是围绕着我们的这一部分知识，或者说围绕着我们的秘密，建构出来的。所以在临床上，来访者说"我要告诉你一个秘密"，那其实就是他要邀请你见证他的一部分自我了。

来访者的谎言

来访者好像知道自己把什么视为秘密，但有些东西在秘密的后面——秘密后边的秘密，他都不知道自己不知道。为什么这些东西都成了秘密？**正是这些后边的秘密，把来访者推到你这里来，希望你和他一起探索他的秘密或者他的人格**——你看，我们宏观方面的论述是有具体的、临床上的指导意义的。

来访者来，就带着很多关于自身的"知道"。**他只要讲关于自身的这些"知道"，从某种程度上来说就都是谎言**——我引用了比昂的话，"人是一个对自己说谎的高手"。我们的自我就是靠这些作为谎言的知识（我们觉得自己是一个什么样的人、我怎么怎么样……）编织起来的。通常来说，来访者到治疗当中，并不是要考验一下治疗师的测谎能力。他开始讲述自己——我是一个什么样的人，比如，我是一个非常乐观开朗的人——**骗你的！尽管他自己不知道他在骗你，因为他骗了自己好多年，他形成了某种知识来妨碍自己接触到真相。**比如"我的爸爸是一个意志坚强的人"，这是谎言，真实情况可能是爸爸在情感上非常疏离；"妈妈是一个非常富有爱心的人"，也是谎言，真实的情况可能是妈妈经常歇斯底里。但这些来访者并不知道，他一开始的时候真的就是这样相信的，这些就是从他的知识库当中提取出来的。**这些知识是他公开的部分，既向自己公开，也向治疗师公开，但这些知识本身是谎言的总集。它们作为阻抗，既阻抗治疗师贴近他的真相，尤其也阻碍他自身接触他的真相。**所以，一个人看起来好像在表达"啊，我想要对自己了解更多"，翻译出来，很大程度上他的动机是："求求你帮我继续骗我自己吧，我已经骗不下去啦！"这个知识体系内部出现了很多矛盾，"我都已经不知道如何再编一个新的谎言，把这些七零八落的谎言给编织起来了，我编不下去了"。我们作为一个真理热爱者、求知者，一不小心很容易就进入到一种共谋的骗局里——看起来我们根据一张藏宝图（来访者献的图）找来访者的"宝"，但是不由自主地，我们就变成了跟来访者一起说谎的那个人，往往我们自己还不知道这一点。所以，我们人类一方面特别趋向真理，另一方面又如此讨厌真理，如此讨厌真正的知识，以至于我们想方设法避免它们。这就是天性的一部分，二律背反。

当然，不能在临床上怒斥或者棒喝来访者，"你说的都是假的，你不是这样的人，你爸也不是那样的人，你妈更不是那样的人"。在某种程度上，我们要把这些东西都视为真的。**因为这个超体里没有对错，一切都是真的。**即使是谎言，在千千万万无数种谎言的可能性当中，来访者为什么此刻说这样的话？**这其实就是真，赤裸裸的真，只不过镶嵌在一个背景里，而我们需要总是留意使真成真的背景。**其背后肯定有真的东西，推动着来访者当下呈现这些看起来是假象的真相。所以，**以精神分析为代表的心理治疗，可以说是一种"借假修真"**——原来一个假的东西或者不那么好的东西，可以是真的来源或者转化成真实、真的知识；或者它本身就是真知的一个显现。

西方虽然十分热爱知识，但其实它们的神话当中充满了"知识会给你带来惩罚"的隐喻。比如巴别塔被建造后，上帝惧怕人团结起来，知道自己的真相，把人的语言搞混了；普罗米修斯盗火（火产生光，这是关于知识的一个隐喻），以致被天天挂在那儿、被鹰啄食肝脏；俄狄浦斯希望弄明白自己真正的身世，下场很悲惨……如果做一个知识论的转向，把它调换成东方的风格，不那么急于追求知识，以防知识本身作为阻抗、作为谎言，那我们完全可以把自己生病当成以病求知，甚至以病为先知的一个很美妙的东西——如果一辈子不生病，那要如何获得对自我的认识呢？你也就根本没兴趣想要对自己更加了解——哪儿都运转正常，干吗要拆它呢？就像微波炉用得好好的，是不会拆它的；就是坏了，才想要把它拆开看一看，这一看就知道，原来内部是这么回事儿。人生病也是一样的，人生病了，就开始琢磨自己，就开始对自己产生兴趣。我以前讲"四转向心"的时候讲过，由外界转向自己、由未来转向过去、由实体转向缘起、由行动转向好奇。所以如果你病了，恭喜，你的先知已经到了，你需要跟随你的先知，再找到另外一个人——治疗师，因为这个治疗师见先知见得比较多，然后开始一段两个人的求知历程。这已经不叫看病了，这叫做研究。

课堂问答

问：超体的新定义与集体无意识的原型有何异同？

答：你根本没有办法说超体是什么，只能靠从每一个角度看一看，横看成岭侧成峰。

超体当然包含集体无意识的原型（我炮制这个概念具有一种非常强的口欲特质，恨不得要贪婪地吞噬一切，野心很大）。所谓原型层面的存在，它一定不只是在个人层面发现的（这更多属于个人的情结）；如果你在很多人那里发现了一个情结，那它有可能就在集体无意识层面对应了某个原型。从这个角度来说，事实上这个情结是无限的，对应的原型也是无限的。荣格发现了一系列原型，精神分析到今天发现了很多情结，然而这些都只是用不同的镜头，拍到了不同的照片。如果我们一定要拿那些现成的东西来套，就会陷入一种知识论的困境，你可能的确套到了东西，但是失去了更多的东西。

问：我们的知识成为记忆而转为经验，有一叶障目的时候，这个时候移除障目、拓宽视野，新的知识自然就会进来，这样理解对吗？

答：这样的理解是针对我前边所说的"走进实在"的一个负的方法，但不是唯一的方法。通常正的方法跟负的方法要齐头并进，或者用两条腿走路，这样你的知识才会越来越大，你的心会越来越大，你的心才能够越来越与超体同在。

此外，我强调了西方比较擅长使用正的方法，东方比较擅长使用负的方法，但这并不是绝对的，并不是西方没有负的方法，或者东方没有正的方法，如果是这样的话一个体系根本就不可能建立。

西方也有一些知识体系是靠冥想（类似于坐忘）等形式获得的，或靠对于他们所谓的前世的回忆获得的。柏拉图说，学习的本质就是回忆，因为一切知识最纯粹的形态都已经储藏在理念世界中了……他的一些说法有很接近超体的部分，你能够在很多知识传统和知识范型里找到类似的说法。

东方也并不是都一忘了之，也有很多正的方法，正的方法也很重要。比如"格物致知"，比如小孩从小背诵很多东西直到他能够理解，这些都是正的方法。

问：如果来访者同时跟很多咨询师（尤其是同时跟男性和女性咨询师）建立咨询关系，这是不是一种能够快速到达超体的捷径呢？

答：理论上是对的，但实践上比较麻烦。如果你本身作为动力性的治疗师或者分析师跟人工作，你自然就知道了。因为动力性的治疗主要通过移情的方式来工作，如果**移情非常分散，其实会带来很多问题**。所以对于我而言，一个人在我这里做精神分析，他可以同时参加行为治疗训练、人际关系团体，这些跟我不矛盾；但同时在另一个人（不管是男性还是女性）那里做精神分析，在我这里是被禁止、不被允许的。但是据我所知，好像荣格派的某些流派里允许这样做，甚至鼓励这样做，我想他们肯定有其道理，如果要这样做，就要知道他们为什么这样做。

问：精神分析是不是科学？

答：在我个人的理解中，精神分析不属于科学，而属于解释学的体系，它可以被称作症状解释学（symptom hermeneutics）。

在弗洛伊德那个时代，他为了维持某种合法性，努力向科学靠拢。那我们今天对于科学（自然科学）已经有比较多的反思，不必事事都往科学上靠拢了。

问：心理治疗有很多术语，有时候跟同行交流，大家都热衷于用术语。我感觉到困惑，这是不是用知识来掩盖无知，或者用知识制造一种谎言呢？

答：我对你的观点持肯定的态度。在教学或者督导的过程当中，有一类新手特别热衷于使用术语，甚至达到了一种强迫的程度，仿佛没有这些术语的加持，自己就不是专业工作者。我本人曾经也有这样一段时期，叫作"无法说人话"的时期。但是高手，无论是在治疗还是在督导、研讨中通常都非常擅长使用日常词汇、日常比喻来说明问题。

问：如果一个来访者已经知道自己所拥有的知识是一种谎言，也知道为什么会形成这样的谎言，他本人还持续地感受到痛苦，这种情况下怎么办呢？

答：只要他还痛苦，就代表背后的一些真正的知识还没有涌现，不要以为你们已经获得了它。只要痛苦和病症还存在，就提示着你要继续去发现。什么东西会阻碍你去发现呢？就是你跟你的来访者都觉得仿佛你们已经洞察了某个情结，这个时候可能是阻抗。

第 4 讲

论格物：

"虚而待物"
"应物不累"
"本来无一物"

只要对古代文献或者国学有一定了解，就会知道此处的"格物"来自一个非常古老的文本。《礼记·大学》里提到了八目——格物、致知、诚意、正心、修身、齐家、治国、平天下，所以格物是蛮重要的，**通过格物就可以获得知识**，延伸到外界，无论是对家还是对国都会产生非常积极的影响。"格物"在语言学上源于此，本篇所述"格物"的含义与此相关，但并不完全基于这个意义——历史上，即使是儒家的不同分期和不同门派对格物的理解也是不一样的，尤其对"什么是物"的理解是不一样的。我们为什么要讲"格物"呢？这跟我们的临床有关系，因为格物致知。知的来源是什么？**知的来源就是物。**如果把水烧到100℃它就会沸腾，我们就知道水在此种物理条件下的沸点是100℃，也就通过格物获得了有关水这种物质的知识。那知识如何获得呢？也是通过格物，只不过此"物"非彼"物"罢了。

东方无实"物"

有关"物"，东西方的理解是非常不一样的，尽管我们有"物"这个词，有物理学、物质、物体的概念，但它们是来自西方的"物"，其背后是实体。在本书第1讲中，我们谈到西方的"实"跟我们的"实"是很不一样的，而**西方的"物"在我们的语境里更像是"东西"**，这个"东西"具有广延性，无论是水还是石头，都具有广延性。但是，**心是没有广延性的，所以心不是一个"东西"。**

对于这种东西的系统研究是近代自然科学兴起的一个来源。对于这些不同的东西进行研究，就形成了不同的学科：physics（物理学）是对物体、物质问题进行研究；biology（生物学）是对生物体进行研究；psychology（心理学）就是把心视为一个东西，对它进行测量、干预、操作、观察，以获得系统的知识。从这个角度而言，**心理学（西方心理学）在被努力打造成一个准物理学。我个人并不把心理治疗视为这种西方心理学的自然延伸。**西方心理学的格物，主要追求一种还原论，把心理现象物质化、原子化、元素化，来进行系统考察，在这个过程当中，主观的经验、主观的心理，其实被置于一个副现象的位置，它不是最重要的现象，因为它本身不能够被准确测量。我不会把我所理解的心理治疗，尤其是已经被本土化的或者本土化中的心理治疗，奠基于西方学院心理学，尽管我肯定它是一门学问，作为一门准科学的学问，它有很高的价值，但它不是心理治疗的一个基础。我所理解的本土化心理治疗，更多的是来自中国的格物之学的传统。

前文谈到过，中国没有西方意义上的实体，在我们的理解中，这个实体更像是可勉强称之为"器"的本体，所以格物的"物"也就不是那种非常具有凝聚性的物体了。如果对物的概念进行梳理，从最早期梳理到近代民国的话，你就会发现它有非常多演变，可以说，每一位学者要建构自己的哲学系统（这里我不得已使用西方的这个词，因为中国古代并没有"哲学"这一说）的时候，其实都要面对"物"这个问题。

我对《老子》和《庄子》的阅读，始于大概十岁，但是在相当长的时期内，我从来不曾通读它们，因为什么呢？它们对我而言不是一个"东西"，所以我不会像对东西一样对它进行还原式的处理——这句话究竟是什么意思？这个字究竟是什么意思？我通常不对文本进行这种研究式的阅读，每有会意则欣然忘形，就不管它的上下文是什么了，只要获得那个感觉就好。《庄子·人间世》有一句话：气也者，虚而待物者也。有些文本当中是"虚以待物"，这不影响对它的理解。

庄子对于"气"的一个训诂，或者对它的一个阐释就是，等待、观待着"物"的呈现。对于这句话有很多种理解方式，不一而足。气这个东西，如果凝聚的话，它就会变成物，这是从时间上的变化来说的；而从空间上来说，可能正是因为气是虚的，所以它可以容纳物。怎么理解王弼的"应物而无累于物"呢？**可以对物产生感应，同时又不会被物所牵绊，这样的两种状态合起来，跟我对精神分析的态度的理解有很多类似之处。**

精神分析的物观

精神分析的态度，或者说技术、设置，其中包含了均匀悬浮注意（evenly suspended attention）——为了观察，不要把注意力放在一个点上，这样的一个点可能会影响对于全局的观察，也可能会使你只见树木不见森林。**均匀悬浮注意的状态，在一定程度上可类比于"虚而待物"的状态。**这里说的"物"究竟是一种什么样的物呢？英语中就是 object（物体），主体就是 subject。object 翻译成中文，既可以译成"物体"（通常情况下如此），在一些情况下也译成"对象"，在另外一些情况下译成"客体"（有人把 object relations theory 译为"对象关系理论"，但是我通常而言喜欢用"客体关系理论"的说法）。这里所说的物，就是均匀悬浮注意所等待着的、所相应的对象，就是 mental object，就是一个精神上的对象、精神上的客体，或者说是一个"心物"。我们对它的理解是，它形成了"格"。就像一张白纸上有格子一样，格子对于里边的内容就有规范的作用，如果填的地方不对，就叫作"填错"了。把物放在某个格子里，像是一种格物，在这样的背景下，对于客体的理解，就形成了精神分析的格物学。**一个物**

获得了它的格，通过格物获得了物格，**这个物就不是一个孤立的物，它就处在某一个背景、某一个脉络里，就变成了知识。**一个人打电话问你："你在哪儿啊？"你回答："我就在那儿，就在那儿啊。"这是没有用的，你要告诉他，你在第几街、第几号的房间内，这样他就获得了有关物的一个知识。所以在"知识"这个点上，东西方可以说是会通的，都是获得物格。

但就精神分析而言，它对于物的理解，经常在摇摆当中，尤其是在弗洛伊德之后，精神分析运动到其他的区域，受到其他文化的影响，尤其是来自东方的（无论是中国还是印度的）影响，其实都在改变着对于 object 这个物、心物、客体、对象的理解，这就带来各流各派对于客体之本质，或者说物之本质的理解不同。在此基础上，大家就发展出各自的格，所以对于一个案例的解析——case formulation 也就不同，形成的关于这个人的知识也就不同。

因为小格子装在大格子里，大格子又装在更大的格子里，这一层层的格子组合起来，就形成了一个知识系统。所以没有关于一个人的一种纯粹的知识吗？从某个角度来说，是有的，**一个人的体验本身就是他所有知识的一个可靠的阿基米德点。**但是一个人究竟有没有获得这样的知识呢？这又是一个主体间的问题。如果他有，除了他之外，没有任何人知道，那这样的知识是悖论性的——既然没有办法知道，也就不知道这个人究竟有没有关于自己的知识了。如果要传达这种有关个人的知识——格自己这个物究竟格出了什么，那就不得不借助语言，但语言对于个体而言是一个被给予的东西，是一个 given 的东西，所以不能够把对自身的体验随意装在格子里，需要使用现成的格子，或者需要把现成的格子打散形成新的格子系统。这样，有关个人的知识才会被公开化，才能够被交流。无论你意识到与否，你所有已经知道的知识，你的人际世界，会在你的体验成型之前就影响着体验的方式，所以从这个意义上而言，**你的那些体验，都是处于某一个看不见的格子系统当中的。**

我们知道在西方哲学体系当中，原本存在着唯理主义和经验主义，日久天长之后，由于各种各样的原因，欧洲大陆更多地保存了唯理主义，英国以及后来的美国更多地发扬了经验主义。唯理主义和经验主义，它们格物的方式也是不一样的。前者认为知识需要通过演绎，从某些公理当中推理出来。后者认为需要做具体的实践和实验，通过经验归纳出来。当然这些都是很极端的说法，事实上归纳和演绎是密不可分的，只不过这两派的格物的立足点不一样，所以我们能够看到在思想上、智力上都以欧洲为背景的弗洛伊德，他对客体的本质的理解，或者对于物质本质的理解是唯理主义的。弗洛伊德不希望把他自己的学问跟哲学混为一谈，他本身也不爱哲学，但这并不代表他不受那个时代和区域的一些给定的哲学思想的影响。弗洛伊德论述但是没有清晰阐述出来的东西，在梅兰妮·克莱因（Melanie Klein）那里〔当然中间经过了卡尔·亚伯拉罕（Karl Abraham）〕，被更多地阐述。

客体

我们看到，克莱因与唐纳德·温尼科特（Donald W. Winnicott）对于客体的理解不同，不要以为这只与两个人的人格或者经历相关，而应该看到他们背后对客体的理解、对物的理解、格物的格法，其实都深受各自背景的影响，受那个看不见的大格子的影响。

对于克莱因而言，这个客体更多是内在的——婴儿先天具有对乳房（好乳房和坏乳房）的知觉、觉察（perception），这是一个先验的知识，这个知识还没有被经验所饱和。所以从这个意义上来讲，无论他的妈妈是一个怎样的妈妈，由于好乳房和坏乳房是先验地存在于婴儿的幻想当中的，那就意味着外在的经验只能修饰它，无论如何，这个孩子会经历好乳房和坏乳房之间的张力。在这样的背景下，**克莱因对于这些症状其实用了一个"异己之物"的格法，就是不断地从内在诠释它，而不太把本人牵涉其中。**我们要注意克莱因学派和克莱因本人的理论区别，克莱因去世之后的后克莱因学派的理论很大程度上受到比昂的影响，已经与她去世前的克莱因学派理论非常不一样了。至少在克莱因那里，这个客体是内生的、原型性的。那如何使这个客体获得理解，也就是把这个好的客体、坏的客体、部分客体放在格子里呢？克莱因非常倚重诠释的方式，诠释类似于一种翻译，我把这些东西翻译给你，这样你就获得了有关自身客体世界的知识。

但温尼科特是一个在英国的经验主义的传统下生长的学者，对于他而言，这个客体或者说物更多来自外界，它不是一个婴儿内心幻想的某个客体原型，等待着被激活，而是一个实实在在的他人。在这个外在的、具体的人与这个婴儿互动的过程当中，这个客体才会被内化到这个婴儿的内心世界。所以**重要的不是那些看不见的内在客体、部分客体，重要的是作为一个新的人同这个孩子进行互动。**

所以对于这个 mental object，对于这个客体、这个物的理解，有内在和外在、原型与印记这样的对立的范畴。正是由于对物、客体的理解不同，临床上的技术也是不同的，格法是不一样的，但可以这么说：对于这个客体或者对于这个物如何理解，是区分精神分析各流派的一种鉴别性特征。

谈到客体的时候，我们能够想起来很多种类。比方说克莱因论及部分客体和完整客体，温尼科特论述到过渡性客体——这个客体（或者物）不是完全外在的东西，如果仅仅是一个东西、一个物的话，它不是一个过渡性客体。温尼科特说，是婴儿发现或者创造了他的过渡性客体，他把内心的一部分加注到这个物上，从这开始，此物成为他的客体世界的一部分，所以从这个意义上来讲，此物是一个过渡性客体。比昂在克莱因的基础之上又提出了奇异客体，我们可以把奇异客体视为克莱因的部分客体的某种延伸，我们在这里不展开。

客体恒常性

美国自我学派里的发展学派学者玛格丽特·马勒（Margret S. Mahler，美国人会把她当作客体关系理论的一个研究者）发展和明确了"客体恒常性"的概念。这个概念由非常著名的发展心理学家皮亚杰（Piaget）提出，他发现在某个时间点之前，如果一个球滚到沙发下面看不到了，这个婴儿就会把注意力转向其他地方，那我们就说他的客体恒常性没有建立；在某个时间点之后，当这个球滚进去，婴儿就会注视着球滚进去的那个点，因为他知道尽管某种东西从视野里消失了，但实际并没有消失。我们能够看到，**皮亚杰所讲的客体，更多的是在讲物体或者说东西。**

玛格丽特·马勒借用这套说法：妈妈不在的时候，婴儿头脑中仍然能够保持着与母亲相关的一切，这个时候就叫作获得了客体恒常性。我们沿着这个思路，把它继续发扬光大，则一切消失的东西其实都是幻象。我们是从哪一个原点开始的呢？就是从一个丢失的球开始，从滚到沙发后面的球开始。我们长大了，知道球没有消失；当我们又获得了情感意义上的客体恒常性的时候，我们知道了，"噢，妈妈去上班了，妈妈没有消失"。如果我们沿着这个思路把它推广到极致、极限，那这个世界上有没有消失的东西呢？没有了。一个人死了之后他就消失了吗？本质上它相当于一个球滚到了沙发下，不在你的感知里了，可是它仍然在。假如昨天你买了彩票，结果发现你的号码跟中五百万的号码就相错一位，而且你曾经想选那个中奖号码，你会说，"哦，我丢失了一个机会"。你丢失了吗？没有，那个球只是滚到沙发下面去了。一切可能性都没有消失，都在哪里呢？我禁不住又要再宣扬一下我的概念：都在超体里，在最大的物里，不管是东方的物、西方的物，最大的物就是超体。如果你能够发展到一定程度，超越了皮亚杰和马勒的物观，你就会认识到**这个物永远不消失，它是一切可能性的总集、一切实体的总集、一切知识的总集。**

我们转来转去，都是围绕着超体的山在转。在这个超体之下，我们再重新看待这些客体概念，它们都是成立的，都是超体的一部分显现，除了我刚刚提到的那些客体之外，拉康派还有客体小 a，自体心理学派还有自体客体，这些都是客体。**我们的症状本身就是一个客体**，如果你的腿麻了，这个时候你就意识到你有一条腿；如果你的胃痛，你就意识到你有一个胃——一切都运转良好的时候，你就不知道有它。我原来不知道食道在哪儿，直到有一次，我舀了一勺汤，这汤看起来不冒烟，实则又烫又辣，我把这勺汤往嘴里一倒，一下喝了半勺，瞬间就知道食道在哪里了！在这个时候，**一个本身是我的东西，变成了一个异于我的东西，就成了客体。**

症状本身除了作为客体之外，症状还代表着一个客体。比如，一个人的父亲因为肺癌去世了，此后，这个人就出现呼吸困难的症状，用这个症状来隐晦地连接到他丧失的客体——这个客体已然丧失，可是他不肯哀悼客体。只有通过哀悼，才能够使这个客体处于永不消失的位置，把它保存在主体体系内，或者用我的说法，才能够认识到这个失去的客体只是回到了超体中暂时不可见的部分里了；然而如果不知道这个超体的存在，不知道那个球仍然在沙发后面，就无法承认这个东西仍然与自己保持着联系，转而用一种症状来保持与它的联系——在意识层面上不承认丧失；而在无意识上制造了一个症状来代表这个丧失的客体。所以，每一个症状都是一个墓碑，墓碑后面是丧失的客体。如果某一天你能够意识到没有丧失这回事——不是在头脑层面，而是在直接经验当中赤裸裸地呈现出来——那你的三观会非常不一样，就像婴儿发现"诶？那球居然还在那儿！"后，这个世界就很不一样了。所以，从这个意义上来讲，一切的物，无论是东方的物还是西方的物，无论是外边的物还是里边的物，某种程度上都是超体的显现。你要问我超体在哪里呢？**超体无处不在，它在任何一个时空内；超体在任何一个缘起内显现它自身。**

症状是超体的显现

超体是无限的，无限的东西根本没有办法显现给你，正如上一讲提到的，人的眼睛看到的是视角里的东西，一个没有视角的超体如何呈现给你呢？它必须通过相对的形式才能够显现给你，所以超体根本就不是跟我们相隔了一条银河、一个彼岸的东西，**相反，一切都是它的显现，你的心理的一切现象，**无论是正常的、异常的、清醒状态当中的、梦中的、有趣的、无聊的，这些都在不停地显现，所以每一刻你都在见证着超体，每一刻你都在见证着奇迹。我们通过对克莱因学派的学习已经知道，从偏执-分裂位到抑郁位是一个循环往复的过程，偏执之后就进入抑郁，难以忍受抑郁位的焦虑又回到偏执-分裂位，在偏执-分裂位和抑郁位的不断循环中，这个人的内在世界就逐渐丰富了起来，就越来越能够面对丧失，而且不再用分裂的、投射的、否认的方式来防御丧失。如果一个人能够体认到超体的存在（"体认到"不是通过我的讲解而在头脑层面上觉得这事儿说得通），那你就会进入一种我把它称为"圆满"的抑郁位，一种"大"的抑郁位，在这种抑郁位中就不会再退转到偏执-分裂位。这个时候你或许就能够体会到什么叫作"本来无一物"。的确是这样，因为处处都是物、时时都是物，大家都是物，那还有什么叫"一物"呢？呈现在你经验当中的一切，不管是你通过手触摸到的桌子这种物体，还是你内心所感受到的疼痛、不爽、无聊、郁闷，这些全都是超体以物的方式的显现，即心即物，所以它们本质上是一样的，就没有内在跟外在的这种划分了。当年王阳明在学习的时候也格物，但是他一开始不得格物之要领，观察竹子七天七夜，用力过猛以致病倒。走了这个弯路之后，他可能才慢慢见证了他的超体，超体给他的显现成就了他的心学系统。当我们面对临床上的精神心理症状，如果你把它当成竹子一样的物体来对待，那也有可能费尽努力，非常疼痛、恼怒，都不能够格好，格不出东西来。如果你在超体的意义上去理解物的话，那格物本身事实上就变成了没有格的物，就是与超体合一，或者认识到自身与超体本身的合一性。你这个人，哪怕是你主观上所感觉到的这个 self——你的自体，本质上也是超体的显现。

谁引导着你走向这种知识或者智慧呢？是病，是症状。**症状不是某种外于你的东西，相反，它是超体的一个显现。**在这个意义上，通过格物，我把精神分析跟我们的心学传统连接到了一起，psychoanalyze/psychoanalysis（精神分析）中 psych（e）是"灵魂、心理"的意思，ana 表示"分开"，lysis 是"解决"，所以 **psychoanalyze 的本**

质就是"格心物"。那我们完全就可以把西方对心理进行格物的传统，借到我们自身的心学系统当中，通过这种方式，我们赋予格物新的含义和新的活性，让它不只是一个死气沉沉、没有用处的文本学问。通过对病的一种理解、容摄，我们通往一条心灵的康庄大道，其实在这个意义上，我们跟弗洛伊德所关心的是一样的。

课堂问答

问： 超体像不像原始的融合？

答： 当我们提到"原始"和"融合"这样的字眼时，其实就假设了一个时间的维度和空间的维度，"原始"在时间上好像位于现在之前，而"融合"意味着在空间上聚集在一片。事实上，超体并没有时间和空间性，所以不能说它"是"原始的融合。但如果问像不像，那则可以使用原始融合的方式来理解它，**原始融合的这个东西被弗洛伊德称为 the oceanic feelings**［在 *Civilization and its Discontents*（《文明和它的不满》）中，弗洛伊德认为这种情绪显示的是一种无限的自恋（limitless narcissism）］。那个时候的积极意义在于，我们没有发展出知识，没有发展出范畴，我们对于世界的观察和理解可能处于一个前范畴阶段，那可能离超体很近；但这并不意味着后来的这些追求分科分类的知识就一定会让我们远离超体，**你其实随时随地都能够格物，随时随地都能够理解这个超体**。所以可以用原始的融合来理解超体，但原始的融合只是超体的一部分。

问： 对于有些病人，倾听就够了，对于某些则可能需要比较多、比较主动的回应，不只是均匀悬浮在那儿，悬在那儿可能不太好使，那么，哪一种客体关系理论更合适呢？

答： 可以说哪一种都合适。因为弗洛伊德的分析对象是形成了自我的人。形成自我之后的症状是解构神经症的方式，所以你只需要在本我、自我、超我之间保持等距的悬浮就可以；而在这个解构之前，需要与客体有密集的互动（不一定以共情的方式，因为对于共情有很多种理解，悬浮注意一样是共情的）。如果通读一遍客体关系理论，你会发现这些研究者从方方面面对客体做了不一样的格法，这样一来你形成了关于客体关系的总的知识，就有助于你发展出一种理想情况下的无影灯式的倾听和回应。

问：超体是一个信息库吗？

答：可以用信息库的比喻来理解它，信息就像那个球一样，它永远都不消失，所以不存在信息出现或信息消失的时间，某些时间你从库中提取了 a 信息，某些时间提取了 b 信息，但其实 a、b 从来都在那里。

问：格物是给对象归类或者建立与他物的关系吗？

答：这样的理解是准确的。**大多数时候，我其实都是在这个意义上来论述的。**格物就使物获得它的格，其实就获得了它的归类，同时也就建立了一些与其他类别的相互关系。如果要定义我坐在哪儿，我就会告诉你，我坐在谁旁边，那这个关系本身也提供了一个位置，提供了一个位格，传递出一种以关系形式呈现的知识。**我们对病人进行分析的过程，其实也是不断对他的症状进行归类和与他物建立联系的过程，**通过这样的过程使症状变得可理解——因为如果它处于孤立的话就不能被理解，处于广泛关系当中就容易被理解。

问：物永存，症状也会永存吗？

答：是的，出现和消失都是假象，对时间的感知也是假象。不要理解为，我没有这个症状了，它就从我身上走了——**这个症状就像众**

生的一种形态，它事实上一直在那里。

问：超体圆融无漏，这种感觉摸不着、抓不住，又无处不在，和习惯的感知形式太不一样，不太习惯，总想抓住点什么……

答：对小婴儿来说，一个球消失之后就没有了，那个时候他可以很自在地处理他的世界，因为不光一个球消失了就没有了，如果出现一条毒蛇或者一只大蜘蛛，它藏到门后面去，婴儿也觉得没有了，他可能就自在了，没有太多负担了。随着认知发展，坏处就是他意识到，不光球不见了但还在，那个大蜘蛛不见了也还在，那条毒蛇不见了也在，一直到我们觉得生活当中充满了威胁——没错，这些威胁都是真的，**这些威胁就是无常的一部分，你对这些看不见的危险而升起的焦虑也是真的**，这就是思想方式的转变。这个转变一定是好的吗？一定是让你感觉轻松的吗？未必，婴儿发展出客体恒常性之前，可能更幸福一点。

问：超体是一个方便的设想，还是真实的东西呢？

答：这很难明确，因为它不是全局可见。它不像你拿起一个乒乓球，把它放在手里转一整圈就能看到它的全貌，对超体而言，你不能看见它的全貌。那我们如何以日常当中有限事物的真实与否来规定一个超越它的东西的真实与否呢？这是二律背反，你说它真也好，不真也好，因为真与不真不是用来形容这种超越性的东西的。

问：格物和物格的意思一样吗？

答：不一样，因为格物所以才获得了物格。可以说，你拉开抽屉把一个乒乓球放进去，这是"格物"；这个乒乓球被放在这样的一个抽屉里，这是"物格"。

问：非认知层面的因素（比如饥荒）在临床上的影响会有哪些？

答：正是这些历史早期发生的事件（比如饥荒）让我对临床产生了一种很深刻的感受，就是它们都没有消失，但是我们人类倾向于像小孩儿一样认为，一个球滚到沙发下面就没有了，我们的病人就是来告诉我们，他的确感觉到，它们没有消失。这些不只对中国成立，如果你对创伤进行研究，发现其他民族也有非常多类似的情况，在这一点上我们的心是相通的。知道一切都没有消失好像不是一个好消息，其实它也是一个好消息，一切正面的和一切负面的都没有消失，这不是也很好吗？

第 5 讲

论看病：

不看没病，一看准有病，越看越有病

"看病"在这里既有它日常的意义，比方说去医院看病、找治疗师看病，又有超越性的意义，即建立在心理现实、记忆回忆、知识、格物之上的意义。"看病"既然是本书的核心主旨，为什么要放在这一讲呢？是因为通过前面的基础，我们对于什么是"病"，"病"的本质是什么，"病"和人的实在的关系是怎样，"病"与人心、与人生的关系是怎样，有了一个奠基性的理解，之后我们才能够站在这个角度和高度来看"看病"这回事。

病之物格

我们上一讲讲了格物。物，就是从超体当中掘出来的一块，超体显现为物，物的背后是超体。一个"病"就是一个特殊的物。"病"就是不得劲，比方说你的腿麻了，走路的时候就感觉像比平时多出来一条麻的腿；如果你感冒咳嗽了，就感觉喉咙、气管、肺，好像都是身上添出来的一块，它"翘"出来了，有点硌得慌。**当这种异己之物被我们体验到，并且让我们感觉到痛苦的时候，我们就把它称为"病"**，这样一来这个"病"就获得了它的"物格"。"格"是什么？这一类不舒服就叫作"病"，而不同的疾病分类学对于这些格、格中的小格的划分是不一样的。比方说我们现在通行的诊断系统，会区分什么样的东西可称之为"病"、什么样的东西不是病，这个病又是哪一种病，它属于情感障碍类、精神分裂症类、孤独谱系类、焦虑谱系类还是心境障碍类……通过在每一个大格里头分成中格，中格里头分成小格，我们就获得了对于"病"的理解，这个理解是建立在把病视为实体的基础之上，于是有了这样的划分。我们已经努力在颠覆这样一种划分，我们要进行**"破格见体"**的活动，我们仍然称病为"病"，但它不是一个外于我们的东西，一个需要被尽快地、尽可能干净地清除的东西，**它的呈现就提示着我们去关注格后边的体，就需要对这个病进行解构。**

曾经我对于疾病的分类学很感兴趣，研读了好多遍 ICD-10（《国际疾病分类第十次修订本》）、DSM-Ⅳ-TR（《精神障碍诊断与统计手册》第 4 版），并且结合在精神科之所见，争取把每一个项目都弄清楚。DSM 有配套的使用手册，我把它也打印出来，打算花大力气研读；每次上级医师查房的时候，我都非常耐心、积极地去听、去问……但是这些年我对于这一套格物的系统都已经忘却了。病对我而言就是三类，第一类是"看得了"的，第二类是"看不了"的，第三类是"不一定看得了"的。

"看得了"的怎么去看呢？很简单，就是和来访者一起去看就可以了，**病的秘密就隐藏在病的背后，来访者本人的超体里包含了他的病因、病机、病理，**所以就是跟他一起看；"看不了"的怎么办呢？看不下去的病，你把它诊断得再明确也没有用，弄明白它的分类没有什么意义；至于"不一定看得了"的，就要看心情，心情好、时间有、胆量有，那就可以从自己的熟悉区或者舒适区往前迈上小半步，成功了，这一类病就是"看得了"的了，不成功也没有关系。

病是超体之显现

如果你理解，病是超体之显现（但不是完整的显现，当然，超级完整的那个总体是看不到的，因为一旦你看到了，它就变成了你视力所及之处的对立面，一旦它是对立面，它怎么可能是超体呢？它就只是相对的体罢了），那么**借助超体上翘起的这个部分，就可以理解病**

背后的没有显现出来的超体——可能这个病之所以呈现，就是为了让我们去理解病背后的超体。各种各样的山脉可能属于不同的山系、山系往往又是更大构造单元（如造山带）的组成部分，它们就是翘起在地面之上的部分、显现的部分，可是它们为什么会显现呢？由于地壳的相向运动，这是一种看不见的东西——我们是看不见力的，但是力之间的相向运动，就制造出了某种突起，通过对这些突起进行研究，我们就知道："哦，原来在地下，有两个板块在汇聚挤压着。"心理治疗的道理也是一样的，**每一个病都是被挤出来的部分，通过这个显现的部分，我们要看它内在的相向运动是怎样的。**

本讲的副标题"不看没病，一看准有病，越看越有病"虽然是玩笑之语，其实也是正经话。未看病之时病在哪里？在来访者见医生或者治疗师之前，他自己是看到病了的——如果没有一丁点不对劲，他干吗要来呢？他肯定已经看见了某些东西，但是看见的这些东西不全面，不全面让他产生一种未知的恐惧，所以他才来，**在来看之前，这个东西其实处于隐而未发的状态。**

现在的很多心理障碍，在以前其实也都有，比如抑郁症，只不过早年人们顾不上这些。自从"看病"的体系发达之后，好像病就越来越多了；其实并不是病本身越来越多了（可能有所增长，但没有增长得这么厉害），为什么会有这么多的显现呢？那是由于"看"得越来越多，你对一个群体反复筛查的结果就是能筛查出越来越多的病，所以，一个病人为什么有"病"呢？说到底是"怪"治疗师，没有治疗师这个行当，也就没有人会为这个病命名了，病人也就不会觉得有什么不对劲。

我想起来吴和鸣老师举过的一个例子。一个病人进了他的治疗室后跟他说："吴医生啊，你知不知道我在你们医院的外边转了有三年了，我今天才敢进来。"这个人其实一直都不舒服，直到他看到有一家心理医院的时候，这个不舒服才转化为一种心病，所以**这个病其实是被愿意"看病"的人给制造出来的**。弗洛伊德说，我们这种人就是偷窥狂的升华，我们就热衷看那些别人看不到的、不那么鲜亮的部分。

引病出洞

我刚刚已经使用过一个比喻——看不见的动力把山脉给挤出来了，这其实就是症状与妥协形成的关系。"妥协形成"是精神分析的一个术语，由弗洛伊德发明，它的英文叫作 compromise formation，放在当代冲突流派中，**一切症状都是妥协形成**，都是由于内心当中存在冲突，这些冲突以妥协形成的形式呈现。不管是梦还是症状，都是妥协形成。站在这样的角度重新看两个人之间的病，发生了什么呢？**一个人的病，到了人与人之间，变成了移情神经症，或者叫转移神经症**。

转移神经症的本质，一样是妥协形成。来访者在分析的过程当中逐渐"感受"到（这里给"感受"加引号，是因为他未必在意识层面上感受），他有一种强烈的动力要释放出一些东西。为什么他要"释放"出这些东西呢？他"感觉"目前的分析情境跟他既往所体验的一种冲突情境有类似性。注意这里的"释放"也是加引号的，未必是来访者主动地、深思熟虑地策划了这个过程。

一个人本身对外界的某一类人感觉到恐惧，比方说对某种权威人物感到恐惧，那这种恐惧就变成了一种症状，即他不敢去工作，他内心经常感到自己是很无力、很自卑的，当他进到分析情境之后，渐渐开始对分析师产生这种感觉。这样一来,他一个人的病,就变成了两个人的病。他内心世界的症状,就被搬运到他跟分析师之间,现在他担心见到的人是分析师,他担心分析师要惩罚他,他就在分析当中呈现出一系列回避的、纠结的行为,在这个时候,就相当于**分析师以及他所代表的分析情境,跟来访者内心所深藏的这些冲突,一起合成了这样一种人际的病**。正是因为病从一个人内心的变成了两个人的,如果分析师在这个时候经历反移情的话,就更加确定,对方的确有移情发生了。它变成了两个人的病,这就给观察这个病以及病后面的病根、根的网络提供了一个很好的机会,所以分析师干的是什么事情呢?**分析师干的就是"引病出洞"的事情,必须要把它引出来,我们才有一个机会去好好地看它。**

对于老手而言,这不成问题,因为他对移情现象很熟悉。新手在这种场合下就会有点发慌,他就会觉得有点怪:为什么来访者对待我的方式渐渐变成了这样?为什么我跟来访者互动的时候,会感觉到一种莫其其妙的不安,感觉自己仿佛不是自己,自己不知道该做什么,但是又有一种仿佛被迫要做点什么的冲动?这个时候很好,这个时候就叫作:被病人附体的那个病,也就是附体到病人身上的那个病,现在附体到你和来访者之间了。

弗洛伊德是从研究癔症开始的,"癔"字很有趣,病字框下有一个"意"字,而"意"字又有两部分,一个是"音"、一个是"心",所以就是,心里发出的音被罩在病里了。"病"是什么呢?在东方传统内,用"附体"更容易理解一点,**病就像附体一样**,某种类型的病就是某种类型的附体。附体就像某一个客人到你家里,然后住下不走了。不管是什么样的客人,哪怕是很亲近的客人,住在家里一样会带来麻烦,但是如果他很谦虚、很规矩,能够做到客随主便,日子就还过得下去。正常人的内心总是会有各种各样的冲突，冲突的呈现不足以使我们抓狂，它也没有强大到逼着我们一定要看一看来者何人，因此我们处于神经症的正常状态，好处就是我们能够过得下去。**正因为过得下去，我们也没有特别强大的动力，深刻地理解自己。**如果这个客人住下来之后，不只是当客人，有时候还想要当主人，经常要替主人做决定，我们就可以说，这个客人暂时地夺了主人的嘴。比如一个人说话的时候，说着说着，突然有一句话从他嘴里说出，但是听起来不像他说的，这说明他内心的客人在这一点上乘虚而入，把客人的愿望给表达了出来。我们经常见这样的笑话，比如主持人明明是宣布开幕式，然后一张嘴就成闭幕式了。弗洛伊德说，失误性行为、梦和病，和神经症症状的结构一样，当发生"客夺主位"的时候，我们就有明显的神经症症状。这些症状一出现，我们就要与之对抗，这个对抗恰恰就促使他妥协形成——我们如果不对付他还好，一对付，它就变成一个神经症的症状。

如果这位客人、这个病的力量持续增长，达到了与主人几乎平起平坐的地位，这个时候你根本就搞不清楚一个人的行为、语言、思想是主人发出的还是客人发出的，就是"客主平坐"。"客主平坐"的时候，这个人就接近"边缘"了，你没有办法预测他的行为。我们在这里把有神经症的算作正常人，或者把正常人理解成有不那么严重的神经症；而"边缘"的特点是，情绪不稳定、人际关系不稳定、自我形象不稳定，这就是"边缘"的三不稳定的三联症，代表客人的力量非常强大，带来外在和内在的一种非常不稳定、不均衡的状态，跟这样的人没法打交道，因为你不知道自己在跟一个怎样的人打交道。如果这个客人（病）的力量持续增长，主人被撂到一边，客人住进主卧，这个时候就成为精神病了。主人被放逐到哪里去了呢？已经看不出来了，我们一看就知道这是一个病态。在这种情况下，这个人的病其实完全都被翻出来了。

以对他人的恐惧为例。在正常人心里，只是一种莫名其妙的防备，这种防备我们每个人都有——单位里是不是所有的人都有利于自己呢？有没有人盯着自己？这样一种担心和担忧，仍然处于"客随主便"的位置，我们能够将它压抑下来，继续该干吗干吗。如果恐惧感持续增强，我们感觉到的确有人跟自己特别不对付，然后就对这个人产生了一种回避性行为或者反向形成（采用了一种很夸张的趋向性行为），然而这些又产生了一种极强的冲突（你不想这样做，但是老得这样做），这个时候就是"客夺主位"了，已经有神经症的症状了——一看到某个人你就感觉到头皮发麻，呼吸急促。到"客主平坐"的时候，感觉就特别别扭了，根本没有办法让自己处于一个稳定的状态，恨不得要与这个人吵起来了，有些时候你只要心里不舒服，就会以为是这个人导致的，但是班还能上。再进一步发展，你已经感觉公司所有人都对你不利，上司可能安装了专门针对你的摄像头，同事可能在你喝的水里下毒，甚至全天监视你的生活，这个时候恐惧感已经完全坐到你的位置上了。其实在这种情况下，你的病理、病机被看得最清楚，因为它们处于一个完全压不住的状态——就像一只袜子，正面是有规则的图案，反面是乱七八糟的走线，这个时候反面完全被翻出来了。坏处当然是你很难跟主人再建立联盟，因为根本找不到主人，这个时候只能靠药物把这个客人强力驱走。

我刚刚向大家展示了一个过程：一个病，如何由潜伏状态，到最后变成一个完全显现的状态。看到没有？**从正常人到神经症，到人格障碍，到精神病，其实是个连续谱，程度在增加，引起的外在表象不同。**所以你就能够理解为什么在精神分析性的心理治疗当中需要退行，退行看起来就是病变得越来越严重——在外在显现上越来越严重。这也容易吓到初学者，由于初学者自身没有经历过这个过程，所以他在带人走这一段"夜路"的时候就走不下去了；但是如果你对于这个过程很熟悉，你看过很多遍这个病的发展规律，那这时你内心其实是有数的，也就可以让来访者持续地把袜子完全翻到背面朝外，以便能够和他一起见证他的精神病性，见证他的 craziness（疯狂），见证他的 madness（癫狂）。当一个人看过自己的 craziness 和 madness 之后，如果他再有症状显现，他就不大容易觉得那是来自外界了，不大容易觉得这是某人要跟他过不去了，因为他知道这就是从他内心显现出来的，而且他更加容易进入到一种我称之为"温和的好奇"的状态，**"温和的好奇"能够使他耐着性子、耐着恐惧、耐着不确定感持续地观察自己的病，使病背后的那些脉络显现出来，被他所看到。**完成这样一个过程之后，这个人就不大容易被自己的病给吓倒了。当然他也会知道，某些人的表现是那些人的病所引起的，不一定是针对他的，通常不是针对他的。通过对这个病看了又看，他就明白人心是怎么一回事，接下来他就既不容易被自己的病所吓到，也不容易被别人的病所吓到。这个时候，客人尽管仍旧会来，但主人很厉害，既能够保持一种开放性，又不被这种开放性所吞没，心量逐渐变大，能够容纳下更多的东西，那这个世界就以更多的角度向他显现。通过看病，他就看到了象，他就见证了象背后超体的存在。从这个角度来讲的看病，跟日常去医院看病是很不一样的，我并不是说这一定完成了某种积极心理学转向，我只是揭示了一个本质，至少我所见证的本质就是如此。至于正常人的正常神经症，不足以使我们动员极大的防御来克服它，因为**你的防御本身恰恰使它产生了一种敌对的力量，这个敌对的力量更有助于使你心中的那个山脉隆起，也就是症状形成。**

正常人的神经症

我们正常人都处于神经症的状态，我从中国文化当中找到了几个成语，来揭示或描述这样的状态。神经症在我看来有四种类型。

第一种是夸父追日型，忙忙碌碌，追求一个永远也达不到的目标，因为这个"日"跟你永远不在一个维度上。第二种是叶公好龙型，比如一个人像叶公一样特别爱龙，屋子里、衣服上、手机屏保、手机壳、保温杯上全都是龙，真龙听说之后特别感兴趣，说什么也要给他一点面子，结果真龙一来，他却仓皇逃窜。日常生活中也有人是这样，看起来追求权力，希望成为人们关注的焦点，结果大家只要一关注，他就神经症发作了，就赶紧避免自己成功；或者追求真爱，事实上却永远也不会追求到真爱，因为真爱只要一来，他立马就逃了——以这样的方式追求着事实上自己并不喜欢，也不敢真正接受，但要给别人看的东西，这就是叶公好龙型。第三种是刻舟求剑型，忽视了事物的运动，水也流，舟也走。最后一种是掩耳盗铃型，觉得把自己的耳朵捂上，别人也都听不见了，然后就可以神不知鬼不觉地获得一个东西。

以上这些神经症的分型，**本质都是在追逐一个追逐不到或者不该拥有的东西**。为什么要花这么大力气去追逐呢？因为没有见证，**所追逐的东西根本就不用追逐，它本身就属于你**。就像上一讲中那个消失的球，如果你有一天能够见证，这个球并没有消失，那就不会再满世界去寻找。为什么会误以为它已经消失了呢？主要是因为你的心还不够扩展，所以无法容纳下这些"不见"，以为"不见"就是没有了。

病我不二

最后我想给大家分享一下"病瑜伽六句心要"：

以我观病我有病，以病观我病有我；

我复观病我是病，病里寻我病是我；

观至病我不二时，既无病来亦无我。

此处的"瑜伽"不是指我们做拉伸动作的瑜伽。对瑜伽稍有了解的人都会知道，目前所流行的瑜伽只是其体系里最表层的部分，由于它最浅，所以能够风靡全球。瑜伽的本意是合一，为什么叫病瑜伽呢？就是与你的病合一。这本来并不用追求，在超体里，你们当然就是合一的。很长时间内，我们其实都是在帮助病人理解"以我观病我有病"。为什么这么讲？他来，本来就知道他有病了，为什么你还要让他知道他有病呢？其实他内心存在着一个幻想，即"这病不是我的，你来把它拿走吧，或者把它扔远了吧"。光是让他知道这病的确是他的，不是一种临时的现象，也不是外人给他的，对一般人而言，可能就得历经一年左右的时间。只有让他认识到"我的确有病"，他才停止那些大量的投射，才会对自己升起一种温和的好奇。

"以病观我病有我"是怎么回事呢？原来你认为这个病就是一个没有生命的东西，但是随着你对这个病看得越来越多、越来越透，就会发现这个病其实也有一个小的主体。**每个病都像某种附体的生物一样，或者说像众生一样，它居然也有一个"我"**。要想看到这一部分，顺利的话又要一年时间。此时，这个人对于他的病已经没那么恐惧了，他愿意多看一看，以便看出症状里的小主体。

接下来又要转回来，"我复观病我是病"，你会发现你所有的呈现部分，其实都跟你的病一样，是妥协形成的结果，也就是说它们本质上并没有区别；在这个时候，再站在病那儿来看，"病里寻我病是我"，你所有的病都被你作为你抓取的"我"的一部分，无论你喜欢它还是不喜欢它。这样一种循环往复的"观"达到一定程度，终于能够观到"病我不二"的时候，就会进入到最后一层境界——既没有病也没有我，它们都消失在了，或者被融摄到了超体里。通常而言，我们在临床上走不到这里，**能够让人知道"我有病，病有我"，就已经很修通了**。所以看病有很多个层次，看到最后能看得很"究竟"。

课堂问答

问： 生活相对圆满的孕妇会有哪些寻求咨询的动机？

答： 生活相对圆满不奇怪，很多人的生活都相对圆满，即使如此，仍潜藏着一些可能会在未来相对失衡的东西。对孕妇来说，她的生命里来了一位客人，尽管知道这位客人是自己人，可是对于他的脾气如何、秉性如何、有什么样的需求，孕妇也是不知道的。所以在这个不知道里，孕妇可能就会投射一些自己的焦虑进去。会投射什么呢？我们都不知道。就像前面已经讲过的，**当下是由未来转向过去，又从过去提取后建构的当下**。如果问她有什么动机，我们不知道，她自己也不知道，但是如果以温和的好奇来观察，我相信，这些动机会自己说出来。

问： "有物混成，先天地生。寂兮寥兮，独立而不改，周行而不殆，可以为天地母。"（《道德经》第二十五章）超体是不是这么回事？

答： 可能大家都在关注我的超体究竟是哪家的理论，我认为它应该更多是道家的。我从十岁开始就读老庄语录，所以我想道家思想在我内心应该钻得更深。另外，我大概在十二三岁的时候开始读《泰戈尔散文诗全集》，这本全集包含了泰戈尔所有被翻译成中文的散文诗。泰戈尔不光是个诗人，他在印度也被视为哲学家，我也受到了相应的影响。

问： 如何看待咨询师的性格缺陷带来的移情阻抗？

答： 这是一个好问题，如果我们每个人都圆满无缺的话，那就别说干心理咨询这行了，根本不会来到这个世界。到这个世界上来，我们就变成相对的人，也就意味着我们离开了圆满。**咨询师的缺陷一定会在来访者那里得到验证，当这个验证呈现的时候，其实也是某一种你跟他的共病，或者说共业显现，这就是一个能够好好地看待这个共病或者共业的机会。**移情阻抗就是以移情的方式呈现的阻抗，既然发生了移情，代表其实有一种共振，或者说某种共病开始显现出来，这既不是你的也不是他的——在一个绝对层面上，两只蚂蚁被放到了一个热锅上，并不是蚂蚁 A 导致了蚂蚁 B 的热，或者蚂蚁 B 导致了蚂蚁 A 的热，这是一个机会，让这两只蚂蚁体验热的一个机会。

问： 对来访者的倾听要听之以心，听之以气；从中医的角度，悲则气消，恐则气下，怒则气上。咨询师如何能够做到既感受到来访者这只蚂蚁的热，又保护自己的身心健康，不被人间这些苦难情绪所压倒？

答： 我对此的回答是**你一定要被压倒**，要不然你不知道被压倒是一种怎样的体验。但是被压倒之后，还要从哪里跌倒就从哪里爬起来，这的确是非常辛苦的一件事情，这个过程是你听多少课、看多少书都不可能完成的，这一段路非常危险又难走，我给你讲一千遍地图都没有用，一定要自己过一遍。

问： 来访者在退行阶段是更容易脱落还是更依赖咨询师？

答： 在退行阶段，**首先更依赖是必然的**。退行就变成一个婴儿状态，婴儿依赖所有在他身边的人。但是也有人"惧怕"这样的依赖，这个"惧怕"是加引号的，**他还没有意识到他惧怕，就已经提前脱落**

了。这未必是一件坏事，因为他可能感受到咨询师本人承担不起他的退行，咨询师也可能的确承担不起，所以这样的脱落是有益无害的。我很少跟人讲如何降低脱落率，如果你明明治不了，又不脱落，这不就是害人吗？

追问：在退行中，如果脱落了，会不会使他在生活中适应性更低？

答：我们要看这个人病前的人格怎样。如果病前人格本身就比较薄弱，那脱落之后可能比以前还糟糕——就像连正念都有副作用一样，精神分析性治疗也有这些陷阱和危机，那无法避免。开镖局总有失手的时候，多厉害的高手都没有用，除非你不开。大家对于退行好像很感兴趣，的确，**只有退了，才能够把病看完整，才能看到细节。**

问：如何判断移情是安全的、促进成长的，还是不安全的、放任退行的？

答：说实话，在一个点上你没有办法看到趋势，只有把好多个点连成一条曲线，才能看出趋势。所以要看你本人的经验和直觉。你看得越多，你在那一刻心里越确定，即使督导师告诉你怎样怎样，你也能坚定自己的判断；如果你自己心里没有底，你也不知道这是恶性退行还是正常退行。

第6讲

论当下：
一滴一片海，一沙万重山

大家可能渐渐有了这样的认识：我们不管换多少个名称，都在指向同一个东西。随着我们围绕"超体"转山，大家对它的印象就会越来越深。

"当下"是一个日常词汇，它经常被我们使用。比方说，我们总能够看到"活在当下"这样的话，我们也总试图在某些情况下劝服别人："你要活在当下。"什么是当下呢？什么叫活在当下呢？这个问题可能得深究一下。从物理上来说，我们只能活在当下，这是毋庸置疑的事情，过去那一秒谁也抓不住。既然活在当下是一件显然之事，为什么还有这么多强调？可见对于当下的理解是放在不同的语境下进行的。

心理治疗也总是很强调此时此地——right here right now，这里包含了当下的意思。此时此地最开始并不是精神分析所看重的节点，它其实是从存在主义、人本主义那里来的，尤其是从罗杰斯那里来的，现在已经变成存在主义和人本主义共通的技术，并且它也影响到了精神分析学派——现在新克莱因学派以及主体间性学派中的某些分支，对此时此地、当下的重视程度，都已经不减存在、人本主义学派。

对时间的理解，影响着对当下的理解。时间大致可以从哪些角度来理解呢？**首先最确定无疑的就是物理时间。**物理时间对于人类而言不是想当然之事，对于个体而言也不是想当然之事。史前时期的时间观念跟今天工业化、信息化时期的时间观念是非常不一样的，但无一例外都是以物理事件作为时间的标识。什么叫物理事件呢？一个回归年就是一个物理事件，日出日落、月盈月亏就是物理事件，一炷香、两炷香就是物理事件，以物理事件所标识的时间就是物理时间。物理时间与物理时间是可换算、可通约的。比方说，现在的一秒钟对应于铯原子振荡的多少个周期，以此为标准，所有的物理时间都能够进行换算。这种时间看起来是朝着一个方向去的，也不会回头。我们小时候都要学习认识钟表，从不认识物理时间的存在，到进入物理时间的存在，其实就发生了对时间的理解的改变。

我们从纯粹的经验时间进入到物理时间之后，并不是体验化的时间就消失了，我们仍然有自己觉得时间慢或者时间快的尺度。这些东西不一定依赖于外在的物理时间，它可能超前也可能滞后，它的时间尺度可能涨缩，在有些超常意识状态下，你感觉在当下待了一秒钟，而外在物理时间的流逝可能是一整天。就经验时间而言，它是非常个别的、主体的东西。大家可以想象，如果每个人都以各自的经验时间来商量事情的话，这个世界会乱成什么样？

超体中没有时间

在超体中，时间是怎样的呢？**超体中是没有时间的，存在的大全就是如此这般存在着**，它没有任何时间性。物理上发生的运动在超体中只是一部分和一部分之间的差别罢了，不同的部分之间是均质的、没有区别的。我们人类之所以这样体验物理时间，是因为我们大脑的物理构造使我们形成如此的时间观念，而这只是我们在经验时间之上进行的一种推广——物理时间并不代表物理世界真的遵从这个时间。**所有的时间体验都是超体的一部分**。仍然举那个例子，一只蚂蚁在一个球上爬，球上有一粒米是一开始就存在于那里的，只要蚂蚁在球上爬的时间足够长，它就能够找到这粒米，这时它说："我看了一下表，下午两点半，我在我的世界里发现了一粒米。"这是它的物理时间，也是被它的经验所饱和的经验时间。可是，这只蚂蚁在这个球上找到这粒米，这件事情在这个空间内具有必然性，无论你感知与否，它都是必然的存在。所以在这个意义上，超体本身是没有时间的，它并不否认物理时间的存在，也不否认经验时间或者对于时间的经验的存在——两者都封闭在这样的一个集合里，它们本身属于这个集合的一部分。如果我们的大脑以不同的方式被设计，那我们可能有完全不可思议的时间观，我们的体验将会是不可思议的，在那个体验上所建构的物理时间都将会是不可思议的。我揭示或者提醒这些维度的存在，意味着我们可能就生活在这样的维度，过去之事并没有消失，未来之事都已经发生，但是我们所经验的，的确有先行后续的关系。超体里没有时间，并不是否认时间，我们所谓的时间本身就是超体的一种呈现。

当下的结构

之所以要讲这些，是为了讲临床上的病理性，这是非常基本的病理学。从弗洛伊德开始，**弗洛伊德所提出的第一个范式就是创伤范式**。这个创伤一开始是真实的性创伤，后来是想象中的性创伤。创伤造成了解离与转化，解离与转化组成了癔症的症状，这就是弗洛伊德的出发点。我们也可以这样来理解：我们的时间本身是有一个当下的结构的。**当下的结构，其实就是指向未来，回溯至过去，呈现于现在的一个结构**，即：

$$过去 \longrightarrow 当下 \longrightarrow 未来$$

当下连接着两个箭头，朝着未来，从未来又回头至过去，对过去的提取形成了当下。为什么讲这些呢？是因为我将使大家明白，时间本身是朝向未来的，我从我过去的知识中提取了这些放在现在，正常情况下，我们的当下就是这样不断地形成的。**当下本身就包含了向前向后的两个维度，这两个维度在这里挤出了一个当下。**

创伤就毁掉了这个当下的结构，使当下的结构瓦解了，可能体现为未来维度的消失——我们正常人总是处于一种对未来的动员状态，不管你意识到与否。如果你同处于非常极端情况的病人（比方说患非常重的抑郁）工作的话，你就会发现他的未来维度似乎消失了，极度抑郁的时候连死的想法都没有——他对整个未来没有任何计划，连死的计划都没有。在另外一些情况下，可能是过去消失了，头脑中一片空白，整个生命能量似乎都被动员投入下一刻，投入未来，但他无法从自己的经验中提取任何东西形成当下。这些可能只有在同比较重症的病人工作之后，才会有比较深刻的认识。但是就字面意思而言，也并不难理解。

对于当下与过去和未来的结构，讲得最清楚的可以说是现象学。从胡塞尔开始到海德格尔，一直到法国的保罗利科，他们都有有关时间与存在的论述甚至专著。现象学有一个术语叫"当下化"，与之相关的一句话我要在这里分享一下：**"就像一个对 A 的回忆不仅使这个回忆被意识到，而且也使作为此回忆之被回忆着的 A 被意识到一样。"**哲学的语言的确比较拗口，我没有足够的力量去钻研它的德文原文。理解这句话带给我们非常多启示。这里的 A 是一个代称，原则上你能够带入任何东西。比如对于妈妈的回忆——不仅使这个回忆被意识到，而且也使作为此回忆之被回忆着的妈妈被意识到；你也可以填入"创伤"二字；你可以填入"所有"。结合论记忆那一讲，我们的意识之所以被饱和、被填充恰恰就是由于这样一种双重的回忆行为。**回忆的对象和回忆的行为同时发生了，使我们的意识变成饱和**

的。其实这句话就是对上文中当下结构图的一种解说（一半的解说）：对于每一个当下的比较清晰的觉知，都包含了这样一种双重的回忆过程。可是为什么回忆？恰恰是因为需要向前。既然 A 可以代入所有东西，那 A 当然也可以代入症状。对症状的一种现象学化的处理，其实本身就是把症状带入了这个公式。不断回忆症状，使与这个症状相关的所有的一切，在理想情况下，都能够被充分地当下化。此时你就能够明白，**我们需要围绕症状进行不断的澄清，其实就是促使来访者不断地回忆。**"你这个问题，最早一次发生是什么时候？当时发生了什么？之前在一个怎样的背景里？你当时和谁在一起？你说了些什么？他说了些什么？你有怎样的感受？你有怎样的身体层面的觉知？你现在能够在自己的身体里找到那种感觉吗？你能尽可能充分地体验它吗？在这个时候，你的体验里出现了什么样的情绪和感受？有没有哪些词飘过来？你能不能用这个词造一系列句子？有没有哪些意象呈现？你能不能联想起与这些意象相关的意象？"这些都是在临床的层面执行一个当下化的过程。

移情与体会

在这里，我们要用"当下"这个概念来重新看待精神分析体系（或者精神动力学体系）中最为核心的概念——移情。有学者提议把 transference 翻译为"转移"，它在《梦的解析》第七章中的原意的确只是"转移"而已，"移情"一开始并不是人际事件，而是一个精神内的事件。如果你熟悉弗洛伊德文本的话，你会知道这一点。弗洛伊德所谓的那个移情，就是把对过去的某个重要人物的感受和愿望、印象放到了当前的人身上，这个人尤其指分析师。所以在这里就发生了一个当下化。事实上，某个东西已经被拿出来放在当下，而重点是这个使当下化完成的人，并没有掌握或者充分意识到这个当下化——他本人被当下化了，可是他并没有感知到这个当下化。我不主张把transference翻译成转移，而要坚持翻译为移情，并不是由于它已经是一个通行的译法了。汉语中有非常多与"情"相关的词，它包含情绪（我们只要讲述一件事情，里头就包含情绪，所以"事"和"情"总是连用的），但并不只是指情绪，还有情结、情境、情况……它们都处于记忆中，处于一种未被当下化的状态。就是由于发生了转移，使那些情绪、情结、情境、情况都投入到了这个当下。所以，正是这个未被觉知的当下化制造了神经症的症状。一言以蔽之，要么是普天之下皆你妈，要么是普天之下皆你爸，之所以你觉得老师不好，上司不对劲，伴侣这儿不好、那儿不好，就是因为你把对于自己父母的某些情绪、情结、情况、情境、事情搬运到了当下，但是你对此一无所知。所以精神分析中的这个无比核心的概念——移情，它与当下有着非常重要的关系。**未被充分觉知的当下变成了移情的基础。**与移情有关的一系列概念，比如反移情、移情神经症、移情阻抗、投射性认同，随之都与当下和当下化这个范畴产生了联系。

克莱因学派的着力点就在于对移情的解析，这里的移情跟弗洛伊德所谓的移情不太一样，克莱因学派甚至更关注当下。**移情从哪里开始？从病人推门那一刻就开始了。**并非某些东西是移情，某些东西不是——**所有在当下发生的必定都是移情或者转移。**所以，工作的重心就是在当下的、此时此地的这个移情中呈现出的所有投射性认同的内容，对之进行解析就会使来访者或者病人的这个当下被充分饱和；这个时候，他就能比以前更加警醒地、更加充分地觉知，他把什么东西给当下化了，**他就会拥有自己的当下化，而不是被动地当下化**——这样，他的当下就是一个饱满的结构，他知道他面对了什么，他知道面对这个从他的过去里勾起了什么，他当下化的结构包含了两翼，这就是一个正常状态。

存在主义、完形疗法及其衍生疗法（比如心理剧、艺术疗法，后来发展出人本主义，在此基础上发展出后人本、聚焦疗法）跟精神分析几乎平行，也有共同的源头——都把自己的理论归于现象学门下。它们的重点都可以被称为"体会"。"体会"是聚焦疗法创始人简德林所使用的术语，是整个聚焦过程中非常关键性的环节和靶点，可以说它的地位相当于移情在精神分析体系中的地位（这是我个人的观点）。

简德林一开始使用了 felt sense（被感知到的感知）作为"体会"的表达。这是一个当下的东西，但当时他并没有意识到，后来他修正了这个术语，改成 felt sensing，变成了进行时，它永远是一个正在进行的、当下的东西。我对这个流派的手法（或者说治法、疗法）的理解可以被浓缩成一句话："**使体验过程化，并使过程体验化。**"我与徐钧老师分享后，他也赞同这个说法，当然，我不知道他的赞同是有保留的还是无保留的。一个大的"体验"，我们对它的体验，事实上是不充分的、不饱和的、不完整的，那为了使之充分、饱和、完整，我们要把它过程化，把它化略为一系列的当下，当这一系列中的每个当下被充分觉知的时候，我们才可以说充分地获得了这样的体验。前边我们讲，对症状的澄清就是对症状不断地过程化——它并不是一个实体，它包含了一系列过程，而过程都处于一个干瘪的、无内容的、没有侧翼的、没有前翼也没有后翼的状态；那后半部分，就要使这些过程本身成为一种连续的体验。被切成薄片而形成的一系列的当下，当它们充分饱和的时候，整体其实也就饱和了，整体的体验就以完形的方式呈现了。

之前我们通过丢失的球的比喻推导出可能存在一个永不消失的超体。如果我们能够使生命片段里的每一个当下都充分饱和，把片段的充分饱和累积在一起，我们就会获得一个巨型的体验。这个巨型体验的对象不再是某一个个别的 A（指前文那句话当中的），它的对象变成了全部，这时就可以说，我们获得了对于超体的体验。

我们能够看到，这两套体系❶对病理性当下化的理解——**已经被当下化，但那个当下不饱和，这本身就可以说是一种病理或者病机。**解铃还须系铃人，从哪里跌倒就从哪里爬起。为了治疗这样的症状，我们的起点恰恰就是当下化——这个不充分的、不饱和的当下。无论是通过对此时此地移情的此时此地的诠释、即刻的诠释，还是使这个人尽可能多地获得 felt sensing，它们的本质是一样的，都是在当下做工作、使劲儿、点火，只不过不同流派对力道跟火候的讲究不一样罢了❷。治疗师如果不能够使自己处于当下之中，如果他没有能力使当下饱和充分，那他显然无法发挥我刚刚所说的治疗功能。

从某种意义上来说，移情是一种共移情，两个人都发生了移情。注意，这里的"共"已经是超体意义上的共，共时性意义上的共。我的理解是，共时性其实本质上就等于无时性，正因为没有时间，所以当然共时了。没有什么特殊的共时性现象、共时性事件，而是一切本身就共时；每一个体会本质上也是共体会；每一个当下化的本质也是

---

❶　大家会发现，我基本不举药物治疗、认知行为疗法的例子，我并不否定它们的价值，也并不是论证它们一定低于精神分析或者体验疗法，只是超体意义上的心理，更多是指我们的体验，所以在我的体系里，任何远离这个过程的疗法我都把它放到靠边的位置。

❷　当然，这是我个人的看法，是可以批评的，我总是处于对自身想法的批评当中，这也是为什么我总有新东西可讲。所以，我觉得我的体系被批判不是一件坏事，我自身还天天批判它。

共当下化——哪怕共的对象是一些内在客体，不是外在真实的他人（不是在每种情况下都是外在真实的他人），但是就当下的本质而言，他一定与他人共在。熟悉海德格尔术语的人对于这套说法会觉得比较亲切，可以去看他的书，尤其注意"此在"❶ 和"现身情态"❷ 这两个概念。

正念的本质，西方人的理解就是 mindfulness——我们的心是满的，我不知道这个词是谁创造的，但我觉得他的想法可能跟我的想法是一致的。当下心是瘪的还是满的，是非常不一样的。如果它是瘪的，我们就需要使之满。如果另外一个人没有办法满，那我们就在跟他的关系里去协助他满——这其实就是**替代性正念**。伴随着对方"使之满"的能力增加，两个人的能力可以联合起来，这个时候就不是一方为一方、替一方正念，他们的关系变成了**合作性正念**。

症状与当下化

把这一讲的内容拧成一块儿来看，**症状其实就是物理时间和经验时间的打结**——明明事情已经过去了很久，但在内心就像刚刚发生一

---

❶　陈嘉映在《此在素描》中解释："此在是个正在生成的但目前仍然是个尚不是的东西，指的是人的生成过程，换句话说，就是指正在生成、每时每刻都在超越自己的人。但他不是指一般意义上的名词的人，而是生命活动的动态的人。""此在是在世中展开其生存的"，是人在成长过程中呈现其生命价值。海德格尔不愿意用人这个概念，他要寻找一个专门的概念即"此在"（dasein）来表示他的哲学观点。在外延上，此在就是人，但在内涵上没有任何规定。此在有两个特征：一是此在总是我的存在，没有一般的存在，此在是单一性的，不可替代、不可重复的。二是，此在的本质在于它的存在，它不是事先规定好的，而是从存在中去获得本质。

❷　海德格尔依据"现象学的不可消除的方法原理，即相关性原则"论证道，情调（Stimmung）或现身情态（Befindlichkeit）作为此在在"此"的原始方式之一，所揭示的是此在与所处的世界之间的生存关联，亦即我们"处在何种整体情境中"这样的事情。

样。但是站在超体的意义上来说，这个结并不是谁纠缠着谁打的，而本身就是我们自性里的一部分、超体里的一部分。所以，不管它是谁跟谁打的结，当它呈现的时候，我们就努力地饱和它，努力地当下化它。临床上我们发现很多例子，一些人的某些症状或者某些体验，无法被还原到他本人的早年经历那里去，这就使经典的精神分析解释变得似乎无法抵达彼岸。而这个时候，这个体验本身往往是真的，在你跟来访者的替代性体验当中，你也能够感觉到：就是这样。这些体验可能来自他本人的家族，所以不必再纠结于究竟还原到来访者本人的几岁、哪个时期。**一个症状就是两个时间有结，同时在超体当中，它本身就存在。**不光在你这里，也在他那里，重点是使之饱和，治疗空间本身就是使之饱和的一个前提，**整个治疗进程就是在不断地当下化，以形成越来越整体、越来越饱满的体验。**

所以，回到我一开始说的"活在当下"，这是一个很困难的事情，因为大多数时候人们都是"死"在当下的，或者稍微好一点，"半死不活"在当下，真正活在当下是很了不起的。

课堂问答

问：来访者同时与两位咨询师（母亲角色、父亲角色）进行长程咨询的优势和弊端是什么？如果选择一位，考虑哪些因素？其中决定因素是什么？

答：首先至少作为动力学派的咨询师，我不接受这一点。如果来访者背着我这样做，当我发现之后，是会与他讨论并且终止咨询的。同时与两位咨询师咨询本身就是一个问题，代表了一个巨大的见诸行动，而背后的动力是需要被系统地发掘、整理和解析的。

问：超体似乎暗示着一种绝对静止，所有的运动都可以作为集合的子集而获得一种数理表达上的现存感。这似乎是逻辑上的静止感，有点像尼采的无穷结，而不一定是开悟者的无时空感。是这样吗？

答：对，它本身并不是一个开悟者的体验，开悟者的体验不管是怎样的，它仍然属于体验罢了；而当我们说超体里的东西是运动还是静止的时候，我们是用所熟悉的体验世界、生活世界、语言世界来尝试着对它进行描绘，而它本身的状态当然不同于我们所感知的这个世界里的一个球静止与否。

问："朝向未来，然后过去逼出了当下"是否可以理解为"心理上的当下是一个心理运动的动态，而不是作为静态标记的未来或过去"？静态的当下在被充分体验之后，就变为静态过程的饱和物，成为饱和的当下，并且在饱和之后就离开当下了。

答：对，此处所说的未来和过去都是方向性的，并不是物理性的。物理性上的未来就是未来，过去就是过去，当下就是当下，谁也不能对谁干涉。"静态的当下，在被充分体验之后，就变为静态过程的饱和物，成为饱和的当下，并且在饱和之后就离开当下了。"我觉得你比较理解我说的那个过程，但这个表达跟我的表达似乎不太一样。动态的当下被充分体验之后就变为静态的饱和物，饱和是饱和了，但是只有在超体的意义上才是静态的。正因为它饱和，它接下来就有可能随时离开意识，意识没有必要再抓取它了。

问：病理的当下，是不是就是不饱和的当下？可不可以把"过去→当下→未来"这个流程回路断裂？我想到了科胡特的"三极自体"。

答：从相对意义上来讲，我们的当下永远不会完全饱和，一旦完全饱和，你本人就没有了，你就跟超体完全合一了，合一之后你也就没有了。什么是"不饱和的当下"？不饱和的当下可能就是，要么它朝向未来的维度消失，要么它朝向过去的维度消失，而在这个过程中，它要么被未来所拉住，要么被过去所拉住，然后它的结构就塌陷了。"过去→当下→未来"这个过程是断裂了，不一定是完全断裂的，但它没有办法像在一个正常的流动中那样被撑起。我的确不是从科胡特的"三极自体"或"竖直分裂、水平分裂"中得到的概念，但如果它能够加深你对科胡特概念的认识的话，我也是很开心的。

问： 在回忆的过程当中，来访者产生比较难受的躯体现象而想停止继续回忆（结束咨询），该怎么办？

答： 这里没有统一的答案。临床上出现这个现象是不奇怪的，你问这个问题，说明你对这个现象还没有熟悉到足以能够在临床上熟练地处理它。有些时候，来访者出于保护自己而脱落了，这种脱落不一定是病理性的。对于熟手而言，当来访者不能够回忆时，你要注意自己的躯体产生了哪些体验，产生了哪些过程。因为他可能已经通过这样一种β元素传递的方式，把他不能回忆的东西送到你这里来了。如果你能够使这些体验充分饱和，那就可以通过诠释的方式把已经饱和了的体验送还给他。

问： 能不能对"活在当下"做一些形象的、非概念化的阐述？

答： 真正地、完整地活在当下是非常困难的事情，如果这种体验能够像日常体验一样被直接传递的话，我想一定是假的。

问： 关键的当下化过程就是对症状澄清、促使不断回忆，然后饱和这个不被意识的当下吗？

答： 你的理解是对的。我想至少在这一讲中，我不断地从各个角度反复论证的其实也是这些。为什么要澄清？澄清并不是要进行某种调查："你知道，我不知道，请告诉我。"而是这个东西我们其实都不知道。只有不断地澄清才能使它进入当下的意识，才能够使它不断地饱和。

问： 当下的"满"相当于正念吗？

答： 其实在巴利文和梵文当中，"正念"是另外的词，而在英语翻译当中为 mindfulness，mind 是"心"，ful 是"满"，这个"满"有点像是西方人对于正念的再加工的意思。但 mindful 这个词对临床是有启示的，要把一个不那么 mindful 的 mind 转化为一个更 mindful 的 mind。

问：真正地活在当下跟幸福有关系吗？那是什么样的关系？

答：你只要仍然坚持着幸福，其实你就知道什么是不幸福，你就仍然在幸福和不幸福的对立里，只要在这个对立里，你根本就不会真正地活在当下。理论上如此，我本人也没有达到活在当下的状态。但是活在当下肯定不只在某些幸福时刻那么简单，当然我们在很幸福的时刻，的确希望时间现在就消失或者停止。

问：为什么饱和当下如此重要，越充分地体验超体，病越少吗？为什么？

答：病本身在超体当中是不增不减的，但显现于我们个人意识当中，其实就是一个机会，让我们更加对这个病本身进行饱和，对被这个病所带来的我们人格的某种塌陷进行再饱和。它就好像引领我们回到超体的信使一样。

问：使来访者当下的体验饱满化，是不是就把来访者送到再也无须治疗的位置？

答："使来访者当下的体验饱满化"是始终进行的一个动作，不代表你能够完成它。我们一直努力这样，但是随着一个体验被饱和，它就立即消失了，那我们就得饱和下一个。所以什么叫无须治疗的位置呢？我们本人还处于不断被治疗当中。

问：从超体的角度看，当下饱和是指过去、未来、当下留存的各种可能性都在意识上实现了？

　　答：对，那时候你的意识将完全不是日常狭窄的意识了。那个意识被超个人心理学称为宇宙意识。

第 7 讲

论梦：

从噪音到觉醒

这一讲我们来讲论"梦"。当然，总体而言，我是在超体概念的范畴里论述的，"从噪音到觉醒"这个小标题是我要阐述的东西。干心理咨询需要释梦，这基本上已经成为常识之一。我们经常被问三个问题：你会不会催眠呢？你知不知道我在想什么呀？你们搞心理的是不是都有病啊？此外，"你知不知道这个梦是什么意思？"其实也体现了社会大众对于心理咨询师正在形成的认识。因为不只精神分析，很多学派对于梦都有兴趣，都有对于梦的工作方式。

古今释梦

原来，人做了一个梦，可能会去民间的巫师那里寻得一些解释。对于梦这种现象有很多比较原始的理解。"原始"主要是相应于现在的、比较现代的理解而言的，因为人类很早就知道自己做梦，小孩到了一定的时期也知道自己会做梦，尤其害怕自己做噩梦（小孩通常在3到6岁之间，就可能会频繁做噩梦了）。在不同的文化里，本身就有对梦的现象的理解，比较广为流传的一种理解是：梦可能是一种"神谕"，它可能是"神传递的意思"，神在白天没有办法告诉你，所以当你晚上睡着的时候，神来告诉你。尽管人们都会做梦，但是对这个梦拥有的权利是不一样的。一些比较重要的祭司，他们的梦可能离"神"更近一点，如果想要从"神"那里获得某些启示的话，他们可能要通过一些宗教仪式进行净化、祈祷，在这种情况下做的梦才被认为具有"神谕"的作用。

有一些梦可能不是"神谕"，但被视为某种预兆，这样的梦在古代被汇集进很多的解梦书，比如《周公解梦》——梦见大水预示着什么，梦见房屋倒塌预示着什么，梦见牙掉了预示着什么……解梦书通常就像词典一样，再辅以几种公式化的解梦策略——梦到死人可能是件好事，可能是"得人"的意思；梦见大水可能是要有外财，因为水象征着财；梦见牙掉了可能象征着家中有人要去世……还有一些梦被认为是祖先托梦。家人去世之后，你经常梦到他，在这个梦中，他会对你传递一些他的意思——他在那边过得怎么样、有没有什么需求……在中医里，梦可能是某种躯体疾病的一个显现，在躯体疾病还没有达到完全发作的程度时，它可能会呈现出一个梦，梦中呈现特定的颜色，由于不同的颜色跟不同的脏腑相对应，所以通过这个梦可以得知某器官当中的某元素可能多了或者少了，从而成为提示躯体疾病的信号。

以一种比较原始的、朴素的方式来理解，就是总而言之，梦是有意义的，大家一开始对于"梦是有意义的"这一点是不怀疑的；至于这个梦有怎样的意义、如何去获得意义，大家在经验中积累了各种各样的解梦方法。

随着自然科学的兴起，梦这个现象也被视为某种物理化学现象来研究。这种研究的一些成果现在已经被大众所知，比方说快速眼动睡眠期就是做梦的时期。在这样的研究范式下，梦本身的形式的意义大于内容。所谓梦的形式，即梦是大脑进行的某种无意义的活动，可能由于白天受到的刺激过强，到晚上神经系统都没有充分休息，某一部分再度活跃起来。在弗洛伊德之前的那个时代，以及弗洛伊德求学的那个时代，生理学家基本是把梦视为噪音——你不能再诉诸神学的解释，更不能诉诸神秘学的解释，这些都靠不住。

现在，我们对梦的研究积累了很多神经学方面的知识，已经不再像弗洛伊德求学时期那样认为梦仅仅是噪音。比方说我们通过实验得知，如果剥夺一个人的快速眼动睡眠（每当这个人进入快速眼动睡眠的时候，就采用某种方式唤醒他，这样他虽然睡了，但快速眼动睡眠占比就下降了），也就是剥夺了能够做梦的这一段时间的睡眠，这个人可能就会呈现出一系列的问题：他可能会在情绪方面易激惹，他也可能在由短时记忆向长时记忆过渡方面遇到某种困难或者有缺陷。那我们就发现，**原来做梦，不管是什么样的梦，可能有助于大脑对情绪进行处理，以及把记忆从短时记忆转化成长时记忆**。现在我们知道，是海马体等结构在处理记忆的工作，而对情绪的处理是边缘系统和前额叶的几个分区来做的。但是对梦进行这种神经学的研究，目前在方法学上还是有一些没有办法克服的问题。大家都已经知道，功能性磁共振成像被用于在人清醒的条件下做认知方面的一些研究，但核磁共振仪本身的噪音是非常大的，如果把一个人塞进去做梦的话，噪音一开始就会把这个人唤醒，所以方法学上就存在这样的问题。尽管我们积累了很多知识，但是研究梦的精确程度还不像研究日间意识那样高。

随着数据积累得越来越多，反倒形成另外一种趋势。在科学上，好像已经把梦搞清楚了——什么时候会做梦、做梦时哪一部分脑区活跃了、哪些疾病导致做不成梦、做梦与睡眠障碍的关系……积累了大量的相关文献；但是，对于梦的内容的重视程度就不够了——梦尽管有意义，但那是它科学方面的意义，对于个体而言的私人意义，并不是科学家所关心的。

梦的解析

我们要注意把内容和形式区分开来。形式就像我面前有一个抽屉，抽屉本身并没有办法规范抽屉里装什么，在里面可以装很多东西，所以**形式不能规划它的内容**。即使一个梦被划分为这种形式的梦或者那种形式的梦，也没有办法把这个梦本身的意义一并划归，或者清除掉、缩减掉；而恰恰**梦的私人意义是与心理治疗关系密切**的。所以我们应该看到，梦最重要的是它本身传递出的意义，这个意义不能因为梦属于某种形式而被缩减掉。

传统意义上对梦进行解释（解梦）类似于翻查词典。但对梦进行解析（interpretation），并不像是一个查词典的过程。

对梦的意义的探寻，是需要梦本身来说话的。我们现在的临床工作者对于这一点已没有太大的阻碍了，但是对于弗洛伊德而言，发现对梦进行工作需要让梦自身来说话，这是个了不起的创举。大家知道，只 *The Standard Edition of the Complete Psychological Works of Sigmund Freud*（《西格蒙德·弗洛伊德心理学著作全集标准版》）就有 24 卷，这里还不包含他早期的神经学著作，也不包括他跟别人的通信。对他而言，最重要的著作是《梦的解析》，重要到什么程度？它可以被视为所有精神分析学派，甚至更广一点的精神动力学派的一个核心经典，是一个 root text，是一个根本经典。弗洛伊德自己也说，"那神圣的光芒有生以来只照耀我一次，然而就是这一次也足够了"，他指的就是《梦的解析》；而且他不无得意地想要在他写这本书的地方立一块碑，上面写：某年某月，西格蒙德·弗洛伊德在这里做出了那个重要发现。

我曾经带领一个小组阅读《梦的解析》的第七章"梦过程的心理学"，花了三年半才把它读完，可见我们对于经典的态度。直到现在，我仍然要求跟随我学习的学生要通读《梦的解析》全书，尤其是第七章，要逐字逐句阅读。**第七章揭示出非常多具有预示性的东西，影响了整个精神分析的概念体系、精神分析的操作规则、精神分析的思想史发展等等。**这是在弗洛伊德核心论点之下的展开，如果你阅读该书，你会发现弗洛伊德花了非常大的力气来论证：**梦是愿望的实现或者满足**。弗洛伊德是一个非常"轴"的人，一旦他认定是什么，那就只能是什么，除此之外没有别的选择，梦一定是愿望的满足。如果你跟他驳论的话，他肯定会告诉你，你只是没有看到它以某种曲折的形式来满足。

弗洛伊德本人的体系具有一神教的特质，比方说他把"性"放在非常核心的地位，把"梦是愿望的满足"放在一个非常、无比正确的地位，这些都是不容变更的，谁要是变更的话，就把谁赶出去。在这里我们没有办法对弗洛伊德是怎么看待梦的、他是如何解析梦的充分展开来看，但是**至少大家要知道，梦的工作（dream work）——从隐梦变化成显梦所需要的过程和机制，这些机制包含了象征、置换、凝缩和润饰**。通常而言，我们对待一个梦，要把这四点视为某种函数，对它进行反函数的运算。从某种程度上来说，坚持弗洛伊德式释梦的风格，有一点还原论的意味，通常而言这个梦都被还原到俄狄浦斯期冲突、俄狄浦斯期情结那里去，这是弗洛伊德本人的重要发现，这个重要发现也被置于不容置疑的地位。

荣格对于梦的工作体系几乎完全不亚于弗洛伊德，这是非常有意思的，他们俩就像双子星一样，亮度基本相当；在对待梦的见地和对梦进行工作的手法上，荣格本人的体系甚至比弗洛伊德还要多一点。尽管他们俩后来不和，但如果你要研究梦过程的心理学（就是《梦的解析》第七章），你就会发现，**其实弗洛伊德在根本上并不反对荣格式的理解**。弗洛伊德认为梦都是愿望替代性的、曲折性的满足；对于荣格而言，由于他对无意识的观点发生了变化，对力比多的观点发生了变化，所以他对梦的观点也发生了变化——梦不是要满足某个儿童期的、被挫折的愿望（对于弗洛伊德而言这些愿望通常都是弑父娶母），而是对我们日间意识、日间生活的一个重要的补偿和平衡。荣格是在"无意识是意识的补偿和平衡，梦是清醒时意识的补偿和平衡"这个大的格局下来看它，你当然也可以把这个做法视为，这也是满足了某种愿望。对于一个梦，通常而言，你既可以从弗洛伊德的角度来看，也可以从荣格的角度来看，如果你有兴趣，每个梦都可以从愿望满足和补偿两个角度来看。

对于比昂而言，他把一类疾病的病根算在了"这些人没有办法做梦"上，没有办法做梦的原因是他没有办法完成一个象征化的功能。当我们使用象征化功能的时候，一个东西可以用另外一个符号去代表；而没有这种象征化功能的话，一个东西就没有办法用另外一个符号来代表，或者说一个符号对他而言不是一个象征，而是某种非常实的东西，他会把一个符号当真——就像你同正常人或者神经症水平的人开玩笑的时候，他们不觉得被冒犯，可能还觉得非常有意思；但是你要同比较重一点的人格障碍或者精神病人工作的话，他们就会把你这个玩笑里的话、字都当真，他无法体会其中这种象征的微妙之处，以及由此带来的快乐，所以同他们开玩笑就会变得非常的实，带来不愉快的后果，他们没有办法使用象征功能，没有办法像正常人那样使用语言。比昂在这里讲的梦是比较广义的，他把我们睡觉时候做的梦跟日间状态做的白日梦视为同一种东西，这个东西就像弗洛伊德所讲的原发过程一样，尽管存在着继发过程，但是继发过程本身是不连贯的，原发过程是连贯的，无论在白天还是晚上，事实上梦的工作在持续进行，即使现在我是用日间意识进行写作，但下面涌动的仍然是持续不断地做梦的能力。所以，**比昂拓展了梦的含义，并且把梦、白日梦、梦思，视为我们的思维由原始向高级发展当中必须经过的一个环节。**

对于完形学派而言，其释梦也有自己的特色，由于完形总是在提倡一个整体，所以他们也提倡把梦中的各个部分视为一个整体来看待。如果梦中出现了一个沙发，精神分析学派很有可能会忽略掉这个沙发，因为它属于无生命物体；但是对于完形学派而言，他们会问那儿为什么会出现一个沙发，如果它完全没有意义，为什么它最终要呈现，所以可能有一部分感受也被放在了这个沙发上。他可能会这样问来访者："如果你是那个沙发的话，你将感受到什么？那个沙发会说什么？"梦中如果墙上出现了挂钟，这个挂钟也不是随机出现的东西，肯定有一些情绪附载在上面，这部分情绪也应该被识别和表达。所以**完形学派对梦进行工作，看起来就是要让梦中所呈现的所有——有生命和非生命的物件，上面可能承载的情绪都被表达、被释放。**这样的话，一个完形就呈现了。

精神分析里的一些分支学派对于梦的工作有着各自的特色，这些特色都与分支自己的见地结合在一起。比方说自体学派对梦进行释读，强调梦可能是不同的自体片段的表达，所以在自体学派看来，每一个梦几乎都是自体状态的梦，梦不是某种受挫折的愿望的曲折表达，不仅仅是有某种补偿功能，而是代表了某种自体的状态。

所以这样一来，你看到整个精神分析学派、精神动力学派、存在主义学派，包括人本主义（尤其是人本主义比较新的发展——聚焦），都有一套对于梦的工作方式，都值得借鉴。这些学派都不关注快速眼动期，也不关注神经生理的部分，他们仍然关注梦作为一种独特的、主观的体验，它对于个人而言的意义可能是什么。这个意义不是通过一种科学式的、还原的做法得到的，理想情况下，它是逐渐呈现在一个对话过程中的。所以可以说，这些学派以这样的方式拯救了梦的意义的世界。

为什么需要如此呢？对于西方人而言，要在这些梦当中寻找意义，需要一种专门的做法去强调、去挖掘。但对于东方人而言，在我们内心里，梦本身可能就不是一种赐予我们日常意识的东西。日有所思、夜有所梦，梦本身跟我们的日间状态可以说是连成一片的。我们的文化当中也有很多相关的表述：黄粱一梦、庄周梦蝶；对我们而言，它更是我们生活的一部分，神谕性可能没有那么强。

梦、病、自我

我现在所形成的意识，不完全是由内发出的，它可以被视为一种内和外交流的结果，甚至更多的是外部感观刺激形成的结果。在梦中，由于我们的各种感觉都关闭了（当然我们的触觉可能没有完全关闭，以至于有些时候我们触觉所感知到的体感就变成了某种日间残余，这是个例），我们的五官不再同外界进行接触了，梦就更多是我们私人的东西了。这样一来，梦中的东西都是你内心某些东西的转化——**既然基本上都是内心的某种显现，那相比于日间意识，它其实可靠得多，更加私人，更可确信，更能折射出你内心那些很真实的东西，不管是正面的还是负面的。** 这里的梦就不仅仅是噪音了，也不仅仅是对某种东西的传递，相比较于日常意识，它更加接近光明，它的地位就已经超过了荣格所说的对日间生活的某种补偿——甚至，日间生活可能是用来补偿梦的。梦比日间意识要更真一点，更可靠一点。

从精神分析理论当中，我们已经得知梦和症状的结构是一样的。一个梦的形成，通过梦的工作，经历了象征、置换、凝缩、润饰的过程，曲折地表达了某些受挫的愿望。一个神经症的症状也表达了某些没有被满足的童年期的愿望，也经历了一个像梦的工作一般的历程。在东方哲学，尤其是印度系东方哲学的见地里，我们的自我本身就像是一场梦一般。如果你昨天做了一个梦，在梦中你被一个人拿着斧头砍，快要砍到你脑袋的时候，你醒了。当你醒的时候，梦中那个小的你就死去了，对你而言他已经不存在了，不再以连续的方式存在了。你今晚又做了一个梦，梦中一个人拿着一把手枪追着你，子弹快要打着你的时候，你醒了，所以他也没有打着你。但是随着你醒来，梦中那个被追着的人，那个小你，就死了。梦中的那两个小人儿，昨天的和今天的，他们其实互相不知道彼此，因为他们在梦中的一期生命结束了，他们甚至不知道是同样的东西把它们串联在一个类似的情节里，所以他们也不知道明天再做梦的时候，梦中的人可能又出现了，他被一个人拿着一块大石头追赶，或者一块板砖追赶，快被拍脑袋的时候，又醒了，然后又死了。这三个小人儿就像是三期生命一般。对于做梦的人而言，他这一期生命其实跟梦中的那个部分是同构的，具有某种分形的结构，它们在结构上是一致的，虽然尺度不一样。结果，这个梦中的小人儿增强了觉知，如果他在梦中开始修炼，可能就能够在今晚做梦的时候意识到这个情境似乎发生过，他意识的程度越高，他对这个梦本身的操纵程度越高，改写的可能性越大，这就有可能导致明天做梦的时候，有人拿着石头拍上来，这个小人儿就不跑了，转而面向他，这就是个非常了不起的转变，这代表这个人从某种梦当中一层一层地苏醒过来。通过这样一个比喻，我们知道，梦跟自我的结构是一致的。梦跟病和自我的结构都是一致的，所以我们的自我本身就是某个症状，拉康派持有类似的观点。

所以本质上，**梦、病、自我，**它们在超体当中的地位是相当的，是一模一样的，它们的真实程度是同等的，它们的虚幻程度一样是同等的。这样一来，**你所有的可感知的对象，不管它是令你愉悦的、不愉悦的、无感的，本质上都是那无限的、无边的、没有界限的超体的显现。**你在任何一个地点，在任何一个节点，在任何一个当下，如果能够拓展你的意识的话，那么你就处于一种与这个超体连接、被这个超体所涵摄的状态。这跟你在生活当中所处的各种具体的处境没有关系，因为它们本质上是平等的。我不知道这一点是否让大家想起了庄子的《齐物论》❶。当然，按照文献学家的观点，《齐物论》不是这样解释的，但是对于我所理解、所体会的庄子而言，我对他的《齐物论》是这样来理解的。

大家还记得第 5 讲提到过的病瑜伽六句心要吗？现在把"梦"代入，就是对梦进行工作、进行转化的一个公式：以我观梦我有梦，以梦观我梦有我；我复观梦我是梦，梦里寻我梦是我；观至梦我不二时，既无梦来亦无我。这个公式被代入"梦"后是一模一样的。所以庄子说"至人无梦"，我想这并不是说，到一定程度上的人（最高当然是真人，其次是至人）不做梦，而只是在他那里，**梦和梦之外的意识状态都没有了分别**。我想当你真正体证到这一点的时候，梦的意义就自发地、赤裸裸地显现了，以至于根本就不需要解释什么。如果你对梦有着这样的态度的话，梦的本身根本就不需要历经复杂的梦的工作，它想要呈现什么，将以直接的方式赤裸裸地呈现。

---

❶ 《齐物论》是《庄子·内篇》的第二篇。全篇由五个相对独立的故事连珠并列组成，故事与故事之间虽然没有表示关联的语句和段落，但内容上却有统一的主题思想贯穿着，而且在概括性和思想深度上逐步加深提高，呈现出一种似连非连、若断若续、前后贯通、首尾呼应的精巧结构。"齐物"的意思是：一切事物归根到底都是相同的，没有什么差别，也没有是非、美丑、善恶、贵贱之分。庄子认为万物都是浑然一体的，并且在不断向其对立面转化，因而没有区别。需要说明的是，庄子的这种见解是抓住了事物的一个方面加以强调，具有片面性。文章中有辩证的观点，也常常陷入形而上学观点之中。但是，在他的论述中常常表现出深刻的思考和智慧。文中涉及很多宇宙观方面和认识论方面的问题，对中国古代哲学研究有重要的意义。

本脚注出处：

盛林 . 齐物论原文及翻译［EB/OL］.（2023-06-14）［2025-03-28］. https：//www. ruiwen. com/guji/1322775. html.

课堂问答

问： 五六岁孩子的噩梦是否有特殊意义？

答： 五六岁之前并非不做梦，在胎儿期的时候，人就已经出现了快速眼动睡眠，也历经着做梦的工作，只不过那个时候还没有自传体记忆。五六岁的时候，孩子具有了一种记住梦的能力——他能够记住梦、表达梦，这是个前提。五六岁的孩子在精神分析里处于俄狄浦斯期，这个时期的孩子，无论是男孩还是女孩，都会有一些投射，**他会体验到在跟父母的关系里，不光有爱，还有竞争。**由于竞争，他体验到某些攻击性，为了处理它们，他就可能把攻击性投射到一些怪物上面去。这个时期孩子阅读的童话中的怪兽、大野狼、恶毒的王后、巫婆等等，通常作为一些负面的父亲形象或者母亲形象的投射对象。这些童话之所以能够被广泛地阅读、流传，是因其与小孩这个时期梦的结构是一样的。所以在这个时期，孩子做噩梦是正常的，他的内在正在处理着这样的一些前所未有的冲突。

问： 一个人如果连续不断地做某个主题的梦可能意味着什么？

答： 我们在临床当中能够听到这样一类现象：某个主题的梦可能是比较平和的，并没有什么大起大落或者非常诡异的情节，也没有浓烈的情绪，但是它就是不断出现。在这里，我提醒你注意弗洛伊德提到的"屏蔽记忆"（screen memory），这种梦可能就属于屏蔽记忆的梦。看起来它没有什么情绪、情感的内容，但事实上它具有非常高浓度的情感负荷，只不过这些东西在梦最后被记住的时候都被删出去了。如果对这些梦进行工作，通常会发现这些梦指涉着某些情结。当然这只能在临床工作当中完成。

问："当下化"和"哀悼"是什么关系？

答：在这里，"当下化"跟"哀悼"没有太大的关系，"当下化"指的是一个技术，是不断地回忆、体会很多东西，使某些情结在当下活过来，使那些东西真正地成为当下、进入当下。当然，你可以说，这样的做法可能会导致一个精神分析师的哀悼。对梦进行工作不是一件容易的事，通常你需要同一万个梦进行工作，这样你才会积累充足的与梦工作的经验，到最后你真的会发现梦是活的，它有着跟你感觉到的生命一样真实的生命，它是众生的形态之一。

问：之前讲到过刻舟求剑等几种类型的神经症，本质上都是在追求超体本身就有的东西，因为没有体认到这些东西本就不用追求，可以再说说吗？

答：就像梦一样，在梦中你所梦到的东西，对于你的体系而言，事实上是已经完成的、已经圆满的东西，但是你并没有意识到它已经属于你。当你梦醒之后你会想，"我要让这个梦实现"，其实是因为你没有把梦本身当成一种真实的东西。这样讲好像非常的主观唯心主义，但是我提醒各位去区分这与一个人的妄想的区别。就像我们日常生活当中所说的，"这些事情我做梦都想不到"，一个东西从"做梦都想不到"到被你梦到，其实它在你的超体当中已经属于你了，已经进入你的意识了，只不过你没有把那个梦中的自己当成跟你现在的日常意识同等真实的自己。

问：现实的生活是平静的，可频繁地做冲突激烈的梦，是什么原因？

答：这里也可以套用很多个公式，冲突激烈的梦可能就是愿望的达成，这个愿望本身是冲突的，不是一个简单的愿望，一个愿望和另外一个愿望互相拮抗。或者从补偿的角度，那可能就是你频繁地做冲突激烈的梦来平衡你过度平静的现实生活。为什么要来平衡它？是希望让你的心往内走，否则你可能会迷失到这种非常平静的生活里，而忘了向内看。但是只要存在这样冲突激烈的梦，它就在逼迫着你，"我的内心里有什么是我还不知道的"，这就是一个契机，让你去走向它。

问：上面提到了很多种梦的理论，精神分析对弗洛伊德解过的梦给出了很多不同的解析，张老师在实践当中对哪种观点更认同呢？

答：我在实践当中对我本人的观点最认同，**把一切梦都当成是真的**，我在努力地做到这一点。但是纯粹从技术角度的话，我本人受弗洛伊德、克莱因、比昂这个传承的训练最多，我日常释梦的具体手法，可能更多的是这个流派的手法。但是由于我也学了点完形和聚焦，在个别情况下我会使用完形的技术和聚焦的技术。

问：经常在梦中笑醒，但在现实生活中并没有很快乐的情绪，怎么理解？

答：这个问题跟刚刚那个其实是一样的，情况正好调过来。你在梦中笑醒，肯定有一些快乐是你不知道的，笑醒本身也在提醒着你去探寻：你的哪一部分在笑；你的哪一部分在快乐；它在快乐着什么；它为什么会这样快乐；这个快乐对于你的整体而言，对于整体人格而言，意味着什么。它也在提示着你，look inside——你往梦里看呐！你往梦里看呐！

第 8 讲

论移情:

人生若只如初见

移情是怎么回事呢？移情就是这么回事：把别人都当成当年见过的人。当然，这是我的一个"歪曲"理解。**移情的背景概念是关系**，一个人谈不上移不移的，只要"移"，就涉及两个人。

不同的文化对关系有不同的理解。有些认为关系本身是真实的，有些认为关系是一种表象，更极端的情形，认为关系可能是一种幻象。对于我们而言，关系是实实在在的东西。人就是他的关系的总和——这句话虽然改编自马克思语录（"人是一切社会关系的总和"），但是尤为适合中国人；在西方，在希伯来文化、希腊文化的背景下，人跟人的关系以他们各自与上帝/真理的关系为基础；在印度的一些哲学流派中，世俗关系被视为虚幻的东西，所以最高程度的修行是独身的。

超越笛卡尔

"移情"这个概念是由弗洛伊德提出并理论化的，这是精神分析体系里最核心的概念——只要你在这个体系内，移情都是需要去讨论、去工作的点。弗洛伊德是在一个什么样的意义上提出这个概念的呢？我的理解是，**弗洛伊德是在努力走出笛卡尔所带来的影响，这样的一个背景下，提出"移情"的概念**。笛卡尔作为数学家、哲学家，都做出了奠基性的工作。在数学方面，他发明了笛卡尔坐标系，开创了解析几何的传统，为后来的微积分打下一个理论基础。在现代哲学方面，他被誉为现代哲学之父，在很多方面都有影响深远的贡献。比如在主体性方面，提出了"我思"主体；在心身关系方面，提出了二元论，即心跟身是平行的，它们只是在大脑当中的松果体那里发生关系（但他并没有说清楚这种关系）。正因为笛卡尔树立了一个"我思"

主体，同时这也是一个孤独的主体，故而没有办法从笛卡尔的体系当中推导出一个人如何能够理解另外一个人、一个人如何能够感知另外一个人，因为在笛卡尔的体系中，这个主体是被深深地包裹于某个内部的。对于中国人来说，这当然是一个非常不自然的、非常机械的、难以理解的提法。但在西方，这是很正常的理解，它占据了西方人的思想几百年时间。这么一来，**笛卡尔的哲学体系引发了后世之人求解的一个问题——他心问题："我如何能够理解他人的心？"**

弗洛伊德在两个方面（现在说起来应该是三个方面）努力克服笛卡尔的影响。弗洛伊德提出"无意识的主体"，这个"无意识的主体"是应该加复数的——"无意识的主体们"，来克服笛卡尔的纯粹的、理性的、单一的一个主体。在心身关系这个问题上，笛卡尔认为身心只有一个相互作用的点，弗洛伊德把它拓展为至少是三个点：口唇期在口腔周围、肛欲期在肛门周围、性器期在性器周围；他还要继续拓展，但是没有成文，他要提出眼睛可能也是一个敏感区域——通过"看"也能够获得快感。每一个性敏感区，除了是身体的一个器官之外，也是与外界发生关系的点。比方说，口唇要去衔乳房，就属于外界发生在肉体层面的关系；性器要连接到另外一个人的性器，这也是把两个人联系在一起。所以**每一个性敏感区，本身就包含了一种同外界的连接方式，这一点其实就是把移情深化的一个框架。**

对于一个人如何能够理解另外一个人，弗洛伊德提出的是"移情"的概念。我之所以能够理解当前的这个人，这是由于我把对过去的某个重要人物的感受，迁移到了这个人身上。由于这样的迁移，我才能够"理解"当前这个人，这是一个加引号的理解，因为如果把这个概念推广到极致的话，就有一个问题：**最初你对于你的原初客体的理解是何以成为可能的？**弗洛伊德本人没有回答这个问题，弗洛伊德的后继者——克莱因、雅各布森、马勒尝试做出解释，尤其是马勒，提出了在自闭期之后有融合（共生）❶，两个人一开始是一体的，经过分离-个体化阶段才变成了两个人。这样一来就能够比较好地解决，一个人最初是怎么理解他的第一位的客体——尤其是妈妈的。对于这个原始客体——原初母体的理解，就被内化为图式，储存在自我当中，当他去跟其他人交流的时候，这个图式就会被激活，就带来了一种对于当前这个人的理解，这个理解可以是同化性的，也可以是顺应性的，因为后来的经验可以修改这个模板。所以通过移情这个概念，我们看到弗洛伊德在克服笛卡尔所制造出的他心问题上所做的尝试。但这个尝试也是不究竟、不成功的，因为对于西方人而言，想要完全迈出笛卡尔体系是非常困难的事情。如果对 16 世纪到 19 世纪之间的西欧哲学进行研究的话，你会发现，大家的思路很大程度上都被圈在笛卡尔这里了，很难完全地迈出他。就连现象学的创始人胡塞尔要进行研究的时候，仍然不得不以笛卡尔为起点。

尽管这是一个努力迈出主体、理解他人的尝试，但移情的概念一开始跟主体间是没有关系的，移情一开始是一个精神内的过程。如果你逐字逐句地读过《梦的解析》，尤其是第七章，你就知道 transference 一开始被提出时，指的不是一个人际事件；移情最开始的概念，简单来说就是，来自无意识的一些材料，把自己的精神能量迁移到了无意识当中的某个相对中性的残余上，通过这一点它能够到达意识，这个过程是发生在心智结构内部的。我在这里就不展开了，读者若有

---

❶　玛格丽特·马勒理论框架下的心理发展阶段：0～2 个月是自闭期，2～6 个月是共生期，6～24 个月是分离-个体化期［分离-个体化期又分为 3 个亚阶段：6～10 个月为分化亚阶段（孵化期），10～16 个月为实践亚阶段，16～24 个月为整合亚阶段］，24 个月后建立客体永久性。

兴趣可以去读原著。

从"移情"到"人际"

为什么移情最初的概念后来可以被扩充为一个人际的概念呢？这是由于人际过程在本质上也相当于移情的过程：在我的体系内，有一种东西没有办法出来，当我"发现"你的身上有某个特征的时候（"发现"打引号，因为这并不一定是有意的发现），我内心的某些东西就可以寻找到一个外界的锚，并且通过锚实现它自身。所以，**一个外界的他人身上的那些并不一定多重要的特征，就可以让你产生一种似曾相识感。通过这种似曾相识感，你内心的一团东西就活现到人与人之间了，这就是一个发生在人际的转移现象，所以叫"移情"❶。**我在前面已经提到过，"情"里包含了事情、情境、情况、情结……它并不仅仅是"情绪"的"情"，这些"情"其实都随着这个过程被转移了，转移的并不仅仅是一个符号性的东西。

弗洛伊德把移情拓展到人际，这对他而言是一个无比重大的发现。因为弗洛伊德由此能够理解为什么安娜·欧会对弗洛伊德的导师布洛伊尔产生那样一种不合时宜的行为，原来是把他当成了某个重要的客体。这本身是症状的原因（正是因为这样，这个人看起来非常歇斯底里），同时又由于这个过程，我们有机会能够看到这个人内心的一些机制——如果它不出来，我们如何能够看到呢？所以弗洛伊德接下来又提出了"移情神经症"的概念。移情神经症就像是，一个人的

---

❶ 因为其本质是"转移"，所以有些译者喜欢把 transference 译成"转移"，把 countertransference 翻译成"反转移"，这没有关系，但是我本人觉得译成"移情"更好。

神经症变成了两个人的神经症。一个人总是感觉有些惴惴不安，但他说不清楚，当这一部分逐渐变成分析关系的氛围的时候（现在他不是对自身感到惴惴不安了，他惴惴不安的对象变成了分析师），那我们就可以说他的神经症仿佛已经转移到了他跟分析师之间。正是因为这些东西转移到了分析师这里，分析师才有机会通过两个人的病——移情神经症，来看到这个人内心的机制。所以，发展到这儿，就像把这个人内心的病移出来，移到两个人之间；在某些极端的情况下，会移到分析师的内心，这是投射性认同的结果。但通过这样的过程，我们就可以理解另外一个人了，这就是弗洛伊德体系对于"如何能够感知和理解另外一个人"的一种回答。今天，我们理解起来这个机制，已经没有什么困难了。

当"移情"这个概念出现之后，它就迅速变成了精神分析的一个核心概念。移情这个过程本身就是梦的形成机制之一；移情到了人际之后，它就会与"阻抗"这个概念发生关联；对移情的诠释，也就是对移情神经症的理解，就变成了一种治疗手段——移情是如何发生的？它在不同的性欲发展阶段会有哪些不同的形态呢？如何理解部分移情呢？由此就会有"投射性认同"的机制出现，使很多概念都跟它相关了起来。

移情是区分精神分析不同流派的标准之一

曾经我的老师吴和鸣老师给我布置了一个任务：提出几个指标来区分精神分析的不同流派。这么多流派，它们之间的区分究竟在哪里？我花了很长时间，阅读了很多文献，提出了四个标准。

第一个标准是无意识的本质（the nature of unconsciousness）。不

同流派对于无意识本质的理解是不一样的。对于弗洛伊德而言，它是驱力及其衍生物；对于克莱因而言，它是幻想（phantasy）；对于拉康而言，它是语言；对于关系学派而言，人际过程就是无意识。无意识的位置不在头脑内，它是在人际的，所以这作为第一个标准。

第二个标准是移情的本质和分类（the nature and classification of transference）。不同流派是怎么看待移情的？对于移情的分类如何？对于经典派、自我学派，他们看待移情，其实就是把对过去的某个重要人物的情感、愿望放在了当前的客体身上——这里其实就假设，他内心已经有一个关于完整他人的印象了，所以移情就发生在自我的结构稳定之后。对于克莱因学派，移情的移出对象不一定是完整客体，因为克莱因对于儿童有很多工作。克莱因派的分析师，像罗森菲尔德、比昂，还有汉娜·西格尔（Hanna Segal），他们很多都同精神病人进行工作，而精神病人并不是将对一个完整他人的感受移植到了当前的人身上，他们内心的那个人是不完整的，是部分客体经过投射性认同的过程而形成移情。这样一来，对于移情的理解就发生了变化，这个可移之物未必是完整客体了。在自体心理学家看来，移情几乎都是自体客体移情，其中又分成三类，所有的移情现象都是自体为了获得自体客体而做的某种努力。

第三个标准是理想人格（the ideal personality）。什么叫修通？修通之后的人格是怎样的？每个学派有不同的标准，我们这里不展开。

第四个标准是治疗方法（the therapeutic method）、治疗性行为（the therapeutic action）。什么行为是治疗性行为？不同流派也是不一样的，此处不展开。

所以，移情作为动力学派、精神分析学派的一个基本概念，其实不光串联起精神分析的核心概念族，更重要的是，对于移情的不同理解也产生了不同的流派。一些流派继续拓展出"反移情"的概念，并且非常重视对反移情的理解和使用；而一些流派完全不同反移情进行工作，甚至否认反移情的存在，比如拉康学派。一些学派，比如荣格派，尽管承认移情的存在（荣格学派中的伦敦学派、发展学派也承认反移情的存在，但是对于移情的解析变得不像在经典派或克莱因派那里那么重要了），但对移情的工作不再是核心的治疗性行为（干预）了。

克莱因学派在理解移情方面做了大量工作，甚至把对移情的解析放在几乎是唯一的治疗性措施这样的重要地位上。这比自我学派有过之而无不及，因为自我学派还承认一个治疗联盟的存在，假设分析师分析性的自我部分与病人自我当中的观察性自我部分之间要形成一个联盟，通过这个联盟来观察病人内心的冲突和防御，来对这些冲突和防御进行解析，这是自我学派的一个工作特点。比较重视对冲突进行解析的变成了当代冲突流派（modern conflict theory），比较重视对防御进行解析的是后安娜·弗洛伊德学派中的一支，但不管怎么样，他们似乎不把对移情的解析视为最为核心的东西了，他们的诠释对象已经从对移情的解析，转化为对于冲突的解析或者自我的解析、自我防御机制的解析。

克莱因学派把移情视为一个整体情境。通俗来讲，一切都是移情，不是在某个时间内病人发展了某种特定的移情，而是从这个病人开始发现你，不管他在哪里发现你——他可能是在网上发现你，从别人的闲谈里发现你，从那个时刻到预约，到推门而入的第一次，所有的这些没有任何一个时候不是在移情。这中间发生的一切，无论是行动还是想法，无论是感受还是意象，一切都是发生了转移的结果。由于我自己受训于克莱因、比昂学派的历史最长，所以我对于这种工作方式非常熟悉，只要看看别人的督导，我就知道他是不是这个学派里的人了。比昂进一步使用了一些几何学的术语来解析不同形式的移情，代表不同形式的转化。比方说，弗洛伊德意义上的移情就像一种刚体转化，克莱因意义上的移情发生的是一种投射性的转化，这些相应于投射几何里的几种不同变换，我们在这里没有办法展开。

荣格学派（此处不仅仅指荣格）也会去理解移情跟反移情，但是重点在于他们提出了对无意识更为深入的理解：集体无意识。集体无意识包含着各种各样的原型，它们并不只是有关个体的原型，也存在各种各样与"关系"有关的原型，国王、王后就是一对原型。**某种移情、反移情之所以发生，是由于原型层面的某种双元关系被激活了。**所以，移情并不是单独发生的过程，移情和反移情是成对出现的。中间可能有多少个对数呢？其实是数不清的。尽管荣格本身有一个玫瑰花园系列的图解，我们能够从中得到一些启示，但是这并不包含全部。进一步，荣格学派提出了共时性，其实刚刚我所讲的这一部分已经包含了共时性，我的一个比较极端的理解是，共时性就意味着无时性。当我们谈到共时的时候，现象 A 和现象 B 在同一时间发生了，如果说得极端一点的话，现象 A 和现象 B 本身已然是圆满之物，只不过其现象没有呈现罢了，所以无时性本身就包含着它们会在某一个共时里被察觉到。打个比方，如果你围着一片竹林转，我们假设这个竹林还是有较大规模的，你总是能够发现有三棵竹子在同一条直线上。随着在某一刻你发现它们三棵和你的眼睛共线了，你会觉得自己见证了某一个共时性，见证了某一个非常巧妙的重复。可是无论你去看与否，它们三棵竹子已然共线在那里。只要它们共线在那里，它们跟你眼睛共线的可能性存在于一个巨大的可能性空间内，这其实已经是现成之物了。我想请读者自行联系我们之前对于超体的一系列叙述，因为我转来转去又会转到这个概念上，我在努力地从比昂、荣格那里出发，然后抵达这个概念。

移情的因缘

移情的因缘其实就在于这个东西本就存在，只不过在某个瞬间，它会呈现出来——来访者把你视为某一个人，重点是他内心有这个人，如果没有这个人的话，则根本就不可能呈现出来。所以每当你要见一个来访者，就意味着他内心的那些客体们都有可能抵达你这里，当然，是在来访者的想象中抵达你这里，这在很多时候都并不令你愉快。**而你这个人也是移情所依赖的条件**，一个人具有很多并不是那么重要的特征，这就像形成梦的日间残余一样，你说话的声音、你的身高、你某天的穿着，这些都有可能成为移情产生所挂靠的对象。还有一些条件可能会是促进性的，也可能会是阻碍性的。比方说当春节临近，分析师要跟来访者发生分离，要休假，这个时候就会刺激某些抛弃性的元素浮现上来，所以这样的一个即将到来的休假，就会促使某些因缘成熟，而变成它的促进性条件。那如果我春节完全不休息，连续工作，我就可能避免了这个事情现在成熟，那其实就是个阻碍性条件。另外，我们也会以连续性的视角来看因缘的成熟。这不是很好理解，就比如说，你要用火柴点燃一支蜡烛，你只需要点它一下，它接下来就会持续燃烧，因为它每一刻的燃烧都是下一刻燃烧的先行条件。如果你努力地吹熄了火焰，就破坏了这个条件。之后尽管仍然有油、仍然有灯芯，空气中也有氧气，也没有很大的风吹灭它，它也不会再燃烧了。我们的每一口呼吸都成为下一次呼吸的先行条件，所以，当所有的条件都成熟之后，移情才会产生。正是由于咨询关系的连续性，使得条件最终成熟，如果你们的治疗关系已经中断了，这个连续性条件也就不存在了。

再进行更深层次的解释，移情现象包含反移情现象。它其实是一种人类"共同命运"的呈现。来访者来找到你，其实也是这样。所以把移情、反移情放在这样的框架下来理解的话，从某种程度上来说，可能会降低你的焦虑。因为接下来你也不用刻意怎么样，或者不怎么样了，因为在来访者跟你之间，某些东西被激活，你是控制不了的。但另外，这也可能会使你感到更焦虑，你本来还能够做一些什么，但现在由于他跟你之间拥有共同的部分，哪怕你阻止它、哪怕你使它放缓，某些东西仍然在那里。比如我们临床上做治疗，可能一开始，你会觉得来访者和你都不一样；当你做过一段时间的临床工作，你看过很多人，你自身也接受分析，你慢慢地就能够发现有一类来访者跟你是像的；如果你再继续做下去，到了经验丰富之时，你就发现来访者跟你都是像的。这个像并不仅仅是一群来访者的某些特征跟你的某些特征像，而另一群来访者的特征在另一些方面跟你像，而是你们在一些非常基本的层面具有一致性，那部分一致性是基础的基础。

反观精神分析的传统，似乎它能够在理论层面上使拯救一个人成为可能；但是在东方体系下，一个人想要完美地逃脱家庭或家族的话，不光在实践层面有很多困难，就连在理论上也说不通，这就是基础一致性的问题。作为中国人，你就是跟其他中国人有一样的基础一致性，那你无论怎么想象，你也不是西方人。这些年来，我从自身的临床工作中慢慢地体会到了这些点，使我原来作为一个精神分析年轻"粉丝"时候的很多妄想逐渐平息了。

回到超体的概念，尽管我们假设一个超体好像一栋巨大的摩天大楼，里边有 n 层，每一层有不同的房间，但事实上不能以这样的方式来思考它——由于我们人类的思维方式如此，所以很容易有这样的想象。由于超体**没有时间性，也没有空间性，所以它就没有办法发生转移**——一个转移其实就是一个位移；从过去的印象到当前的印象，又包含了时间性。但这是不是摧毁了移情体验的正当性？不是。移情体验仍然是超体的一束光芒而已，这个层面上的治疗已经不是"我治你、你被我治"的这个问题了，是两个人在一起，努力拓展两个人共同的心，来容纳那些从超体当中涌现，却暂时不被你自己所容纳的一些东西。我想起《一代宗师》里的一句台词：世间所有的相遇都是久别重逢。其实在超体的语境里，哪有相遇这回事呢？

课堂问答

问： 可以细讲不同的治疗联盟和反移情类型对咨询关系的不同影响吗？

答： 这个问题其实有一点循环性。因为对咨询关系的理解，本身就包含了是不是把咨询关系看作治疗联盟里的一部分，或联盟之外的一部分。我尝试着理解这个问题。

自我学派提出"治疗联盟"的概念，而很多学派其实不用这个概念，但凡提到联盟，其实就是两个人自我之间的联盟：分析师的分析性自我和来访者的观察性自我。不管来访者病得有多重，有多痛苦，如果没有可供建立联盟的一部分健康的自我（健康的自我里包含了控制行动、增进观察与觉知的部分），那我们就没有办法工作。只有当这两个自我之间形成关系之后，之外的部分（反移情、移情、阻抗、防御……）才在这个联盟里被观察，这个时候分析师就要努力去理解这一部分，并且把这样的理解传递到病人那里，使病人能够认同分析师自我当中的分析功能，以逐渐学会自我分析。这就是自我学派的理解。所以从自我学派出发，就会有一个评估阶段，我们现在所能够看到的精神分析诊断体系，无论是《精神动力学诊断手册》（*Psychodynamic Diagnostic Manual*，PDM）、操作化心理动力学诊断（Operationalized Psychodynamic Diagnosis，OPD），还是南希·威廉姆斯（Nancy McWilliams）的分类体系、杰瑞姆·布莱克曼（Jerome S. Blackman）的分类体系，都是在自我学派下做出的，因为自我学派的很多分析师都是医生出身，对医生而言，"先评估再治疗，然后在很好的医患关系下开展治疗工作"，是一个很合适的隐喻。但是在克莱因学派那里，这样的隐喻没有优先性——没有评估阶段，从第一次开始，移情就已经发生了，你需要努力用一个口径非常大的透镜，观察什么东西正在被转移，并且要及早地解析它。所以，如果你表现出一些攻击性的行为，在自我学派那里，看起来像是需要去维护一下治疗联盟，但是在克莱因学派这里，并不把这些视为负面的影响，当负性移情发展出来的时候就解析它。

问：咨询关系取得怎样的结果算是有意义的？怎样的结束算是比较恰当的结束？

答：各流派有各流派的看法，它们的治疗目标、结果或者想要达成的理想人格，其实是不一样的。

对于自我学派而言，最终这个人能够比较好地使用自己的观察性自我来进行现实检验，动员恰当的、适中的防御，使内心冲突在一个合适的范围内，不影响他适应外在社会，这样就算是比较好的结果了；对于自体学派而言，自体通过在治疗关系当中不断地转变性内化获得了凝聚性、连续性、真实性、自发性，之后他就可以带着对自体客体的终生需求，但又非常有弹性地、有创造性地生活，这样就可以了；对于克莱因学派而言，这个人要修通到抑郁位（当然修通到抑郁位，不是待死在抑郁位，这也是不可能的），完成比较好的哀悼，充分理解自己攻击性的方面，这样一来，他不再大量使用分裂和投射性认同的机制，就好了；对于荣格学派而言，终点似乎要更远一点，目标是要自性化，在这里就不展开说了；认知行为学派可能更多地在症状水平上工作，如果能够使症状减轻，痛苦减少，适应性增加，这样也就好了。所以每个学派都有自己关于目标、结束的一些理解。

问： 超体既然遍布着众多未生已生的好事情和坏事情，那么对一个人最重要的事情做出选择，咨询以加强来访者自我随心选择的能力，是不是超体理论的一个关键？

答： 从你这个角度理解，是没有问题的，其实**超体理论没有什么关键，一切疗法如果能够发挥效用，其实就是使这个人更多地体认到他与超体的密不可分性**，这样就不会视超体当中所呈现出来的东西为敌人了。像你说的，超体里已经包含一切可能性，你同它做对抗有什么用处呢？没有用。但在理论上理解这一点，跟在体验上体认这一点，是非常非常不一样的。

问： 当治疗师意识到自己对来访者具有反移情，想终止和他的咨询关系，但来访者与人的关系不稳定，有边缘性人格特点、癔症性特点，以自我为中心，用情绪化来索取，这个时候怎么做更有利于这个来访者？

答： 首要的回答就是知难而退。如果严重程度不在你的最近发展区内，也就是说你跳一跳也够不着，知难而退是没有问题的。但是知难而退也需要一些程序，比较原则性的是要坦诚告知，坦诚的程度越高，带来的负面影响就越少。至于每一步该怎么做，我没有办法一概而论，因为那其实都是视具体情形而定的，尤其对于这样一种类型的来访者，他的变化非常快，所以没有一个很好的公式。

问： 如何区分咨询师的反移情和移情？

答： 在这里，你可能指的是狭义的反移情概念。**其实一切反移情**

从本质上来说，也是对来访者的移情。我们通常告诉新手，反移情更多是由来访者所带来的，那"更多"是多多少呢？我们可以多说一点，这样是为了使新手感觉不那么焦虑、不那么恐慌。但其实在本质的层面上，根本区分不开，即使你努力把它们区分开来了，这种区分有理论上的意义，但实践上你仍要学会忍受那些你忍不了的东西（bear the unbearable），那么，你自身的移情在其中究竟占多大比例，关系就不大了。

第 9 讲

论自我：
"就是喜欢你"

"自我"现在已经是当代日常语汇中的一个高频词，"要活出真实的自我""要放飞自我""要聆听自我真实的声音""要实现自我、超越自我"，如此种种。听起来，自我是这么好的一个东西，可是有关自我有很多迷思，我们的确不知道它是怎么来的，它好像是我们的主人。什么叫真实的自我？真实的主人显然要胜过虚假的主人，自我一定是个好东西。

不同流派下的"自我"

我们从什么时候开始有一个自我呢？**其实自我一直是在不断地形成当中**。我们接待临床来访者，能够在气氛的层面感觉到对方是有一个比较坚实的自我，还是有一个比较弥散的自我；是有比较真实的自我，还是比较虚假的自我。有一类人，我们可以说这些人没有自我。一些来访者进入治疗室之后开始说话，很长时间我们都感觉到，这些话像是从半空中飘过来的，这些话的主人似乎也不是同一个，而是七嘴八舌的。我们进行动力性的心理治疗，会有评价来访者自我强度的一个过程（哪怕不是动力性的，在其他流派的心理治疗中也都有类似的过程）。**通常而言，病得越重就证明自我强度越低，因为自我是病的一个对立面，病越强自我就越弱，这是动力学派的一个观点。** 动力学派，尤其是自我心理学（它就冠以"自我"这个名号），将自我作为一个核心概念来进行系统考察。

形形色色的心理学和形形色色的心理治疗流派看待自我时，可能在不同的语境下，从不同的角度出发，谈的其实是非常不一样的事情。

首先在普通心理学当中，作为人格的自我是可以被量化的。既然是"人格"，那就假定人是有格的，格物以获得物格，人也是一个可测量的东西，既然可测量，就有其特质，有很多测量特质的工具，通常以量表为主。只要接受过学院派的心理学教育，都会知道"大五"❶，如果你了解得更多，也可能会知道"大五"被修订成"大七"❷。所以在学院派的心理学中，自我约等于人格，而人格研究有三种取向，其中最学术化的取向就是特质取向，主要开发工具对人格进行测量。

就像分子生物学的诞生给生物学各个分支带来的革命性变化一样（原来的遗传学现在叫分子遗传学，原来的细胞生物学现在叫分子细胞生物学），这些年来，认知神经科学的快速发展对于传统心理学的各个分支都有革命性的意义，原来的认知科学变成认知神经科学，原来的人格心理学变成认知神经人格心理学，原来的发展心理学变成认知神经发展心理学……由于这些工具的介入，我们发现一些脑区跟"自我参照"是有关系的，比方说当一个人形容自己是一个怎样的人的时候，他的某些脑区会被激活，这些脑区与"自我参照"或者"自我意识"是相关的。这种研究也带来一些很有意思的发现，有些发现对于临床是很有意义的。其中比较经典的发现就是北京大学心理学教授朱滢做的关于"文化与自我的研究"的实验❸，他通过这个实验发现"自我参照"跟"他人参照"在东西方年轻人中是不一样的。非常有意思的一点是，**在中国人这里，母亲是不被视为他人的。**如果让你形容自己是一个怎样的人、母亲是怎样一个人、你的语文老师是个怎

---

❶　大五人格理论认为，人格有 5 个维度：外向性（Extraversion）、愉悦性（Agreeableness）、公正严谨性（Conscientiousness）、神经质（Neuroticism）、开放性（Openness）。

❷　崔红等学者通过词汇学途径构建的中国人的人格结构由 7 个维度（外向性、善良、行事风格、才干、情绪性、人际关系和处世态度）及其 18 个次级因素构成。

❸　朱滢．文化与自我［M］．北京：北京师范大学出版社，2007.

样的人，在这三个条件下，我们能够发现中国被试的"母亲参照"跟"自我参照"激活的脑区是一致的，母亲不是一个相当于语文老师的人。**而在西方人那里，母亲就被视为一个他人了。**当思索母亲是一个怎样的人时，被激活的脑区跟思索语文老师时是一样的。认知神经科学的发现足以证明自我跟母亲的关系在不同的文化下是不一样的，这是一个典型的实验。虽然自我及"自我参照"是可以适用于实验的范式来进行研究的，但重点是，做临床的人通常不会去读这些研究文献。

self、ego 与 Self

非常有意思的是，我刚刚所说的作为人格的自我、"自我参照"的自我，也就是学院派心理学中的自我，都是 self，通常不是指 ego；而学院派所讲的这个 self，跟自体心理学所讲的 self 又不是一回事。

动力学派所理解的自我主要是指本我（id）、自我（ego）、超我（superego）这个三层结构中的自我结构，它也是某个"代理"（agency），弗洛伊德的定义是"自我是扬弃了客体投注之沉淀"，如果要把这个定义说清楚，会非常复杂。在自我这里，包含了对于客体的扬弃史，它对客体的特征做了一些保留，这些保留是以内化的形式，而不是以作为客体的内摄的形式，这样的结构层层叠叠，最终形成了这个人的 ego。弗洛伊德本人一开始并没有把 ego 和 self 很清晰地分开来，都是 das Ich（德文"自我"），这样一个模糊的概念同时包含了结构的部分、体验的部分和自我形象的部分，尽管有这些模糊之处，但事实上把这作为一个整体的人格的话是恰当的。

自我的功能主要包含：第一，它能够有效地动员防御；第二，它能够形成现实检验；第三，它能够形成 self，形成一个有关自我的印象，这是一个狭义的自体，狭义的自体相应于自我是被动的，因为它是 ego 所制造出的一个影像（当然，自体心理学尽管是从这一点出发，但越到后来，它越把自体视为一个超验的结构，这个时候已经不是服从于自我的某种创造了）。评价一个人的自我功能时，我们往往是看他有没有足够的现实检验能力，现实包含外在的现实，也包含内在的现实，通常对内在现实这一部分的检验能力也可以被称为观察型自我的能力——它能不能动员有效的防御，使症状不至于占据这个人的人格。

在荣格这里，大写首字母的 Self 变成了一个核心，而自我只是一种特殊的原型，理想情况下是自性化，在自性化的过程当中，自我也会趋向自我的反面——阴影，跟它合并。这属于荣格所谓的"超越功能"的一部分，超越功能就意味着对立面的融合。**只要存在自我，它必定存在阴影。**就像自性是光源，自我是一个物体，自我的对立面肯定存在着阴影，所以在这里，这个 ego 不具有结构学上的意味，它的对立面也不再是 id 和 superego，它的对立面是 shadow（阴影）。所以在荣格这里，ego 这个"自我"有了不同的含义。

主体间性学派有很多个分支，其中声音比较大的是罗伯特·D.斯托罗楼（Robert D. Stolorow）的主体间性学派，他认为自我也好，客体关系也罢，它们本质上都是对经验进行组织的一种方式，不具有一种结构的意义——经验组织方式可以是这样，也可以是那样，所以，**每一种经验组织方式跟其他的经验组织方式，不一定要保持一种连续性。**通常而言，由于弗洛伊德更多地继承笛卡尔的传统，所以要求一个自我是连续的、理性的，是有意义的。但是斯托罗楼的主体间性学派非常质疑笛卡尔这一点。他有一本书里整个前两章都是在批评笛卡尔，他说笛卡尔之所以形成这样一种封闭的、理性的自我观，是与笛卡尔本人体弱多病、命运多舛相关的。那么斯托罗楼为什么会发展出这样一种经验组织形式的自我观呢？这与他对海德格尔自我观的继承有关。当然我本人并不认为他真如他所以为的那般懂海德格尔，他更多是把海德格尔的东西拿出来，作为他反抗或者挑战传统精神分析的一个理论工具罢了。

海德格尔提出的存在观，其实更多的是一种共在观。他的"共在"，并不是两个现成的自我的共在，因为在这种形势下，自我仍是优先的——先有自我，然后在此基础上有一种共的关系。他做了一个颠覆：**正是由于共在才有了各自的存在**，所以各自的存在本身不具有一种理论上的优先性。海德格尔的这些观点，除了是在西方的巴门尼德的存在学说基础上所做的一些发挥之外，同时也受到道家的影响。

海德格尔跟荣格一样，他们的想法都受东方思想的影响。受影响的程度有多深呢？只是比其他西方人受的影响深，跟中国人相比的话是不深的，因为我们是"泡"在这样的观念里。就像我刚刚所引证的例子，我们的自我可以说是一种相依型的自我，这种相依型首先依赖于我们的母亲客体，依赖到什么程度呢？哪怕我们本人已经是成年人，也是如此。这是文化带来的吗？如果它纯粹是文化带来的，那是不是一旦换一种文化，就会发生不可逆的改变呢？可能大家直觉是这样，但是现在认知神经科学和基因组学联合起来研究发现，**我们之所以持这样的一种自我观，以及在这样的自我观下享有这样的文化，很有可能是受基因影响。**我之前已经零零散散地读过一些文献，证明我们的基因在某一个位点上存在多态性。什么叫多态性呢？在某一个位点上，可以是 ATCG 中的任何一种碱基，这一个位点上的碱基不一样，外在的性状可能就不一样。比方说，如果你的这个基因位点是

T，你可能就有互依型的自我，哪怕你生活在独立型自我的文化下，基因所发挥的影响仍然是强大的。那是不是一定能够证明，最初的、第一位的原因是我们的基因多态性呢？也不一定，可能某一种多态性的基因占据优势之后，它对于另外一些比例较低的基因型产生了一种压力。比方说，人们都是互依型自我，只有你一个人是独立型自我，那在这个社会下，一个人的独立型自我的适应性就会降低。降低的坏处可能是什么呢？这个人有可能讨不到老婆，或者找不到老公，也就没有办法生殖，基因就没有办法被传递下去，基因频率就会降低，降低到一定程度，就没有讨论它的意义了。所以现在的科学研究，从基因、基因组，到具体的脑影像学、脑的代谢影像学，到一个人在个体层面的实验或行为实验，到一个人在量表作答的测量研究，到对这个人所属的文化及亚文化子型的研究，就有可能打通一片。

gene 与 meme

文化与基因的关系是复杂的，基因的英文是 gene，与文化相关的一个词叫 meme，这个词在中文里没有统一的翻译。有些书中把它翻译成"文化基因"，这样一看就知道是什么意思，它相当于文化中，类似于生物基因的那一个传递方式和信息单元；有些书把它翻译成"模因"，"模"是模仿的模，因为文化能通过模仿来传递；还有一些书把它翻译成"谜米"，这基本上就是音译；还有人翻译成"觅母"，"觅"是觅食的觅，"母"是母亲的母，这像是音译结合意译。

之所以一个人的自我观、自我体验是这样的，从内在来说，受他的 gene 影响；从外在来说，受他的 meme 影响。所以，人的自我是怎样的，很大程度上不是他本人能够决定或者发挥的：从基因上来说，他将不得不与他的父母相似；从文化上来说，他将很难脱离他所成长、所降生并被养大的文化，哪怕他在自我意识觉醒之后与这个文化激烈对抗，他对抗的维度仍然被锁定在某几个现成的维度当中，也就是说，他是不随意的——如果他的父母特别喜欢吃辣椒，那他的对抗就只能是特别不喜欢吃辣椒，而不是特别不喜欢吃臭豆腐。所以，**他的反抗其实也已经完成了某种文化的传递。**

在理论上，自我就降生于文化和基因的双重束缚当中。怎么才能够从这中间放飞、寻找到真实的自我？这就变成了一个颇有难度的问题，很多人就是带着这个问题进入治疗室，哪怕他一开始并没有意识到这些。就像我们在临床上做出一些听起来模棱两可的诠释，但是人只要一听总会觉得是对的："你会觉得自己的生活慢慢开始不对劲起来，在某些方面，你甚至会觉得自己和家庭，甚至和原来的那个自己格格不入。""你隐隐觉得好像有某种力量在驱使着你，去获得一种更真实的、更确定的感觉，但是与此同时你不知道那种感觉是什么。""在到我这里之前，你可能已经寻找了很久，你可能去买书、旁听心理系的课程，甚至考了心理咨询师证书，这些好像都在引领着你逐渐寻找到一个更真实的自己。"……这样的诠释就像一种套路，一个人只要来做治疗，我本身挂的这个"羊头"，就容易冒出羊肉的膻味儿。无论意识到与否，我们确实生活在儒家的传统里面。**有时候往往是在其他文化的暴露当中，才更能够认识到本人所持有的传统。**

文化激荡中的自我

就近代的中国而言，直到现在，我们其实生活在很多个传统相互激荡的环境中。清朝从全盛时期对于西方传教士的接纳，到后来被迫与西方进行信息交流和物质交流，通常是以吃亏的方式，这个时候我们的传统其实已经开始解散。非常有意思的是，元朝的所有皇帝基本上都不使用汉语，而清朝的皇帝不光懂，还说得很好，字写得很漂亮，诗作的量也很大，清政府在相当长的时间内都非常维护汉人的儒家传统。在这个进程当中，什么样的自我观是"正确"的呢？这其实带来一种更大的迷惑、更大的挑战，也使相关问题变得更加令人纠结：今天的人如果想要放飞自我，放飞的方向是怎样的？要实现真实的自我，哪个更真一点？这只是人格心理学或社会文化心理学的范畴吗？不是，我觉得在临床上能更直观地体验到这样的压力——你的自我观是怎样的？

"要求实现更真实的自我"，这本身是一个好的传统，还是一个不怀好意的外来传统的入侵呢？就以各民族的自我观来说，来自希腊的传统是非常张扬自我的，无论他们有没有意识到这一点，但跟后来的文化相比，跟同期的、轴心时代的其他文化相比，希腊传统的确有彰显人的自我的特征，这从他们对于肉体或者裸体的态度，就可以看出来了。在其他文化（至少在中国文化）当中，裸体是一种惩罚，是一种羞辱；而在古希腊，肉体是可以裸露的，肉体其实是自我的一种外在表现，所以说它的自我本身也是最强调不加掩饰、奔放的自我。当然，我们所了解到的希腊传统都包含西方文艺复兴以来文人对于古希腊的一种美化，但美化的对象仍然是希腊文化（而不是其他文化传统），这说明，哪怕同时存在其他传统，张扬的自我观仍然是显著的。

我们之所以要谈论这一点，就是由于精神分析作为希腊文化、希伯来文化的一个代表，它本身在审美上包含了希腊的这一部分，所以认为追求真实的自我是一种美德。这个美德是不是在希伯来传统、印度传统和中国的儒道传统中同等重要呢？不是这样，它甚至是希腊文化的一个特质。就像一些来访者回家挑战父母的时候说"我要做真实的自己"，父母听了之后就会非常疑惑，"什么是真实的自己？你永远是老子的儿子！"

希伯来文化对西方的自我观有所贡献，它主要贡献的是"克制"的那个部分。具体怎么克制呢？首先它有很多戒律（你没有办法在希腊文化中找到很多戒律，似乎怎么过都行，因为神都没什么戒律，我们以神为榜样，怎么会需要戒律呢？）。弗洛伊德在这一点理解希伯来文化的阴暗面，就在于对个体的某种阉割，而弗洛伊德同时也继承了这一部分。所以，他不光强调自我的表达的那部分、不被克制的那部分，越到晚年，尤其是自我心理学出现之后，他越强调自我对于本能的束缚、克制的那部分，由于他见了太多人类反理性、攻击性的那部分，所以他逐渐地倒向追求克制的希伯来传统。

然而在今天的这个社会，所有的文化形态——东亚的、印度的，来自地中海的希腊的、希伯来的，都进入了信息化时代，**我们的自我远远超出了我们的肉身所局限的范围**。我们的朋友圈就是我们自我的一部分，我在课堂讲课的声音以及写作的文字都变成了我的自我延伸，这在公元前的时代几乎是不可思议的——孔子就算使出最大的音量，也不可能有几千人或者几万人同时听。所以我们今天的自我更加走向弥散化。它的好处在于自我越来越走出肉身的范围，坏处在于我们有可能越来越不知道自己是谁——即使你在追求自我，你很有可能也是在延续着某一个传统，或者一个新兴传统的某种外显或者内隐的命令。**所以相较古代人而言，我们今天的自我更加无法安放、不容易安放。**

何处安放自我

那么，需不需要安放呢？我想重新提起"超体"的概念。**自我的所有形态，都属于超体的某种显现。**既然超体的显现代表了我们的自我本身包含现有的可能性，那也就意味着除了显现出来的这部分之外，还有更多的潜能或者潜在的可能性并没有发挥出来。如何使它们发挥出来呢？我们回头再来谈"病"的问题。古往今来，我们的心理疾病也在不断地变化。**每一种病都在刺激着自我，使自我被逼出一部分来。**所以，新的时代下有新的病，正是这些新的病促使着自我不断从超体当中显现，也就是通过症状的方式来显现。所以在这个时候，**症状不光不是自我的对立面，它恰恰是自我的苗头，是将发而未发之自我。**从这个角度来看，这种现代病令我们迷茫，令我们恐惧；我们所谓的"空心""巨婴"等等，甚至完全没有办法在历史上找到完整的等同物，正是这些病的存在，刺激着我们去不断拓展我们的自我，使我们的自我变大。联系到我以前所讲的"病瑜伽六句心要"，其实在谈"看病"的时候，也就一并谈了"看我"。最后的阶段是"既无病来亦无我"，海浪的波峰和波谷都是大海的一部分，都是超体的一部分。

反思这样一个问题，其实对于我们做心理治疗的人来说尤为有意义。就以我个人为例，我本人是 80 后，我的来访者主体是 80 后和 70 后，90 后也有并且逐渐增加。在 80 后成长的时期，一个大的传统正在不可逆地解散，父辈们深信不疑的东西，在 80 后看起来近乎笑话。与前辈相比，我们更多地受到西方的影响，其程度可能是前所未有的。所以，80 后可能无法在父辈的期待那里，安放自己的自我；

同时，这样一种背叛性的活动，会引起我们跟父辈之间张力的增加。为了解决这种张力，我们可能需要借助一些外来文化的自我观来增强我们自己的自我观，甚至过于强烈以致达到一种矫枉过正的程度。这就像余震一样，在千千万万个家庭里持续进行着，对于 80 后而言，一个比较理想的解决方式，就是咨询师要成为大坝那样的一个形象，拦截非常多的东西，包括一些创伤。拦截它做什么呢？要把它转化成一种动力，在症状中作为"承重"的一种显现。这一代人的病是不可避免的，如何病得有意思、病得有意义，这是我所提供的一个比喻性的解决方案。当然，我也仍然在持续地思考，因为这些东西前辈无法替我们思考。

课堂问答

问：年关将近之时，怎么在基因和文化之间放飞自我？

答： 对于"放飞自我"这件事情，我觉得不是很积极、非常乐观、非常轻松，就像我最后所使用的比喻一样，一个大坝拦在那里，怎么会是放飞呢？年关的确是个关，这个关不好过。**对于很多人而言，"年"都是一个非常应激性的事件**。尤其是从临床工作者的角度来看，这是非常容易出问题的阶段，是不容易度过的，我们的来访者也容易在其间脱落。为什么呢？他的应激是如此之强，而在这个时候，却得不到你的帮助，在他的想象当中，你可能自己活得非常舒服，所以过了年之后他就不来了。尽管如此，也要怀着一种可解决、可对话的方式。当然这并不容易，只能说，先不要那么急着"放飞"吧。

问：如何看待"心理治疗可以改变基因"的说法？

答： 我本科是学生物学的，所以对基因相对熟悉。DNA 链上的 ATCG 序列本身非常难以改变，除非受到了辐射或者一些化学毒物的影响；但是在碱基序列不改变的情况下，基因的表达（表达与否、表达的程度）是可以被修饰的，修饰的方式可以是碱基被甲基化或者去甲基化，或者 DNA 链完全不发生变化而与它结合的组蛋白发生糖基化。那什么能够影响基因表达与否呢？可以通过神经-内分泌-免疫调节网络，把信号一级一级地传到细胞核内，关闭某些基因的表达，如果这个关闭的过程发生在生殖细胞，就会影响下一代。某些关键基因的碱基序列本身没有改变，也没有缺失，但可能被关闭了表达，从这个意义上来说，基因的确是发生了变化。这些变化通常是由应激带来的，而放松的程序可能会逆转这个过程，可能会带来某些基因的表达或重新表达。因此，"心理治疗可以改变基因"这种说法尽管不严谨，但也有道理。

问： 很多年轻人通过对抗父母来追求自我，父母却不能接受孩子这样做，比如在实际的咨询过程当中，很多父母听到"父母进孩子房间之前要先敲门"这个言论时非常抵触。如何才能让父母理解这些情况？

答： 原则是，如果父母不想理解，谁也不能够使其理解——你没有办法叫醒一个装睡的人。父母如果想理解，我们就可以跟他们想理解的部分形成联盟以促进对话和沟通，哪怕这个"想"是不情愿的，比方说孩子的问题的确很大，影响了父母的颜面。这个时候，他们之间会被迫出现一部分合作性的东西，只要有合作性的动机，就有发展统一战线的可能性。至于实践起来的难度，我想临床工作者，尤其是与青少年工作的治疗师都会知道，如果你想跟其家庭撇清关系，基本上门都没有。

问： 如何区分是在基于自我感受与父母相处，还是在对抗父母呢？这个度不好把握，因为有自己的感受，几乎就等于对抗了。

答： 很多时候，事情的确是这样，但是也不能说对抗本身完全没有意义。很可能，正是由于对抗，才拉开了距离；正是有这个距离，才能够给生长当中的自我提供必要的空间。

问：坊间有个笑话，即家长送孩子来咨询，咨询师跟孩子一聊，发现孩子挺正常的，跟父母一聊——偏执。这种情况在深圳这样开放程度高的城市是否普遍？

答：我想，深圳并不因为开放程度高，在这一点上就能够好到哪儿去，你所描述的这种现象在深圳也有很多。经济开放可能是非常优先的，而心智的真正开放总是有比较长的延迟。从某个方面来说，深圳的问题可能还更重一点，因为相比于一些内陆城市、小城市，深圳受西方影响的程度更高，所以带来的张力其实更大。

第 10 讲

论生死：

精神分析生死书

第 10 讲像一个分水岭，全书内容即将过去一半，现在转成下半场，这正是一个"生死"交接之处。尽管从第 1 讲开始，我们就朝向本书全部内容的结束，但是在第 10 讲这里，就更具有数量上的意义。

前些年，饶宗颐❶先生去世，这对文史哲圈来说是一件大事。饶老享年 101 岁，他的一生是非常令人羡慕的，完全可以用"圆满"这两个字来形容。很多人比他有钱，一些人比他名气大，一些人的学问可能比他还要广，还要深，但不是所有人都能够享受如此长的寿命，而且是在睡梦当中离开这个世界，这其实是一件很大的喜事了。

追求比较圆满的生死，的确是人的一个比较重要的意义。尤其对于传统中国人，也就是延续儒家传统❷的中国人而言，死之后什么都没有了，所以我们比较重视现实的生活。**一般而言，精神分析也不关注死后的世界，甚至在相当长的时间内不关注成年之后的世界。**精神分析的理论，是放大版的儿童发展心理学，以及在这个发展心理学上所形成的发展心理病理学；对于终生发展而言，它并不是非常重视。但纵观弗洛伊德从其理论创生的阶段到临死之时，我们也会发现，随着年龄的增长，他的确越来越关注死的问题。

---

❶ 饶宗颐（1917 年 8 月 9 日～2018 年 2 月 6 日）是享誉海内外的国学泰斗和书画大师。他在传统经史、考古、宗教、哲学、艺术、文献以及近东文明等多个学科领域均有重要贡献，在当代国际汉学界享有崇高声望。中国学术界曾先后将其与钱钟书、季羡林并列，称之为"南饶北钱"和"南饶北季"。

❷ 儒家是非常重生的，重生就是指重视从生到死这一段，而不那么关注死后究竟怎样。尽管儒家的思想有唯一的、确定的源头，但它是逐渐由很多个支流汇集起来的，在长期的发展历程中，一些道家思想和宗教思想也融入进来，所以礼学之后的儒家可能也会有超越性的生死观念。

生生不息

我自己这些年的求学和工作生涯，其实也是研究着或者求索着生命、心灵和智慧的心路历程，可以说这些方方面面都是对于生和死的理解。我在生物学、心理学、哲学三个领域都有求学的经历，研究的对象分别是生命、心灵和智慧。我发现，理解生死这件事情，并不完全是一个生物学的问题——如果完全是生物学问题的话，那么将心理学还原成生物学，将哲学还原成心理学就可以了；但是我们探索生命性、探索生死，是不得不以生物性作为出发点的。通常意义上，我们所理解的生死就是肉身的产生和肉身的消亡。我曾写过一篇文章，叫《叙事精神分析演讲稿》，它源于一次即兴演讲，后来被整合进我的博士论文当中，其中有一句话就是"生命的本质在于永生"❶。

永生性是生命的一个特质。大家可以反观一下自身，你会发现你自身是一个不得了的奇迹。这个奇迹是什么呢？那就是从三十亿年前地球上形成若干个单细胞到你的现在，生命的流动居然半次都没有中断过。你现在能够存在，这本身就是不得了的奇迹。要知道这三十亿年间，在这个广袤的宇宙当中发生过多少次生灭现象，但一个生命居然延续至今。我们的生命本身自有因缘，我之所以生，是因为我父母的生，我父母的生是由于他们各自父母的生，正是这样平等而没有间

---

❶ 文章最后一段：生命的本质在于永生，人的身体内并非住着一个人，这些欲望都呼喊着自己的故事，为了理解这些故事，我们要去倾听。我们何以倾听？因为我们的故事中已经编织了很多人的故事，所以我们倾听，他们诉说，当他们诉说后获得了主体间的形式、故事的形式，所以他们不再有身体的纠结、人际的纠结、语言的纠结，最终皆大欢喜，所有的生命都获得了故事、获得了永生，可以在人与人之间广泛流传。

隙的存在，使得我的生命就这样涌现了出来。所以，如果生命本身没有朝向永生的愿望的话，那这个生命早就不复存在了。所以只要有生命现象，在这个生命背后，一定追求着一种连续、连贯、持续，直到永远。站在这个角度，一个人的症状、一个人的心理疾病，总是不死、总是不消失，这就像是某一个生命一样，它也在追求着自身的某种连续性。

因此通常而言，我的见地不会站在一个把症状"干掉"的流派当中——把症状干掉，就像是某种杀生一样；我理解的心理治疗其实是一个"放生"的过程，如果它想要永生，我们尽可能给予它连续的形式，对之进行放生，那它也就同时放生了我们。用英语说的话就是live and let live，to free and let free（你活，也要让人活，你自由，也要让人自由；这个"人"可以指症状）。而团体督导、团体治疗就是一个集体放生的过程。所以在生死的意义上，我们要看到"生"的单位，并不仅仅指我们的肉身，它也包含着那些寄存在我们肉身的众生，恰当的做法不是弄死它们，而是给予自由，这样的话你本身也获得自由，大家都生生不息、美美与共。

从生物学到精神分析的发展理论

我尽量站在东方哲学的立场，从理论上对精神分析本来重视生的部分进一步拔高。弗洛伊德本人也是一位生物学家，可以说他离诺贝尔生理学或医学奖只有一步之遥。对于进化论和神经解剖学，他都很熟悉。他的理论借用了很多生物学方面的假说，比如个体发生是种系发生的一个再现——我们人类从胚胎形成到婴儿降生的过程其实就重演了从最初的、很原始的无脊椎动物到高级哺乳动物的演化过程。我们的胚胎一开始像一条鱼，后来像有尾巴的爬行动物，再后来像一头猪，之后才像人，所以我们个体的发生跟我们的种系的发生有同构之处，而这样的结构在今天用数学语言来说是"分形"。

弗洛伊德设想，如果我们身体的发展，这个"生"的过程，它重演了我们人类作为一个种系的"生"的过程，那我们人类心灵的诞生、心理的诞生，是否也重演了人类种群的心理诞生呢？这是一个很自然的类比。弗洛伊德的学生亚伯拉罕扩展了这个类比，用来丰富对口欲期的理解：口欲期的特征就是撕咬、吞噬，亚伯拉罕把它还原到我们人类发生中的同类相食的时期（直到 20 世纪中期，仍有关于原始部落族人因食用死者遗体而染病的研究❶，这就是对于弗洛伊德理论的一个例证）。

如果要谈精神分析的心理发展理论，我们总是要把它与人类的种系发展放在一起。精神分析其实就是关注我们的心理、我们的心灵、我们的 mind 是如何从无到有产生的，它的结构是怎样的，它具有哪些动力——这其实就是心的升起的一个过程。研究心是如何升起的，科学心理学有一套做法，精神分析有另外一套做法，精神分析的做法更多的是根据临床的症状来回溯性地推导。当然，安娜·弗洛伊德、克莱因之后，马勒、丹尼尔·斯特恩（Daniel Stern）、温尼科特他们的确进行了如实的观察，其观察也相应地佐证了原来由病理学所逆推出的发展过程。为什么会这样呢？因为**精神分析的病理学就是一个退行与固着的病理实验**，之所以退行到某一个点上，是由于曾经固着在那里。所以一个人的病本质上相当于这个人的幼儿性。正因为这一

---

❶ 中国科学院物理所．最诡异的"丧尸"病原，直到两位诺奖得主出现后它才露出真容［EB/OL］．（2020-12-24）［2025-04-02］. https://so. html5. qq. com/page/real/search_news? docid＝70000021_6365fe41d2055152&faker＝1.

点，精神分析的发展理论——关于"心怎样升起"的理论异常丰富，几乎每一个精神分析大家都有自己的发展理论——心是如何生成的？心是如何变化的？心的生成和变化更多的是内在的、原型式的展开，还是外在的、经验式的沉淀，还是二者兼而有之呢？基于这些形成了很多精神分析流派。熟悉 16～19 世纪西欧哲学史的人会知道，这些问题在哲学中已经被讨论过了，讨论得很深入、很深刻。

安娜·弗洛伊德提出了发展线理论（developing line），她的学生艾瑞克森（Erik Homburger Erikson）提出了著名的八阶段理论，这个理论基本上把从生到死前的发展特点、动力连接了起来。克莱因也继承了弗洛伊德的发展理论，但是她格外地发展了其中的口欲期和肛欲期的部分，所以也可以说，她的这一部分理论并非直接继承于弗洛伊德，而是继承于亚伯拉罕。在克莱因的发展理论中，一个完整的心灵是怎么诞生的？是要修通到抑郁位，这样才能够感知客体完整，客体完整之后，自体跟着也就完整了。在她之后，比昂、温尼科特都丰富了这个发展理论，他们更多的是在克莱因的阵营里。这些人都不算是采用了直接观察法，尤其没有采用实验的方法。

玛格丽特·马勒采用了比较直接的、靠近科学的方法。另外，皮亚杰（皮亚杰是精神分析师，尽管他一辈子不干精神分析）也采用了观察，但他的观察是完全的自然观察。玛格丽特·马勒提出了自闭期、融合期（共生期）、分离-个体化期，分离-个体化期又分成孵化期、实践期和整合期 3 个亚型。站在发展的、自我心理学的角度来看，这些理论都从不同的侧面向我们描绘出一个人的心是怎么形成的。有些侧重关系的角度，有些侧重内在幻想的角度，有些则更强调婴儿跟外在互动的角度。**把这些发展理论总合起来，其实就是"精神分析生死书"的上半部——"心是怎么升起的"。**

马勒的 *The Psychological Birth of the Human Infant*（《人类婴儿的心理出生》）这本书的名字展现了一个假设：我们的肉体出生一次，心理后于肉体再次出生了一次；有两次脐带的剪断，一次是那个肉体的脐带，一次是心的脐带——从西方视角来看，这个脐带是一定要剪断的，不能与母亲保持终身连接的态度；但是受东方文化影响的人要做到这一点是有挑战的。比如科胡特的自体心理学也隐含着这个问题：心的脐带是不是一定要剪断呢？也不一定，可以终身保留这样一个对自体客体的需求。对于中国人而言，这个脐带最好还是永远留着，甚至我们死了之后，也要回到大地母亲那里才算入土为安。**我们需要保持与母体的、母性的终身的连接。这非但不是病理性的，可能还具有创造意义。**就像老子非常强调雌性、阴性、婴儿性的影响。天人合一（其实隐含了天地人三者都应该合一）的时候，它们处于一个永远连接的状态当中，在这个连接状态当中，不是人对于天的征服，对于地的掠夺式应用。

丹尼尔·斯特恩对于"心是怎么发生的"的研究最具有实验性，所以他的发展学说也被学院派所引用，现在他的著作 *The Interpersonal World of the Infant* 已经有中文版了，叫《婴幼儿的人际世界》（其实更恰当的译法是"婴儿的主体间世界"）。关于"心是怎么发生的"，他有一个四阶段说：一层一层显现，第一个阶段是"显现的自我"（emerging self），第二个阶段是"核心的自我"（the core self），第三个阶段是"主观的自我"（subjective self），第四个阶段是"言语的自我"（verbal self）。我对于他的这个划分非常赞同，并且我希望在言语的自我后面再加一个"叙事的自我"（narrative self），"一个人会说话"和"一个人能够有意识地讲述他自己"在我看起来不是一个阶段，有多少人能够像写自传一样地讲自己呢？其实不多，这并不是因为不具备作家的能力，而是一些人真的没有办法写自传，来访者来到咨询室的一个隐含目的就是形成他的自传。

总体而言，精神分析有非常非常多的发展理论，但关于临终关怀的理论几乎没有。尽管弗洛伊德提出"死本能"（death instinct），可是除了克莱因愿意去多想一点之外，很多人都不注意这一部分。这是不是一种防御呢？我觉得也是有可能的，究竟有没有死本能呢？我个人是赞同有的，因为从生物学的角度而言，我们能找到死本能的非常直接的体现。当我还是生物学学生的时候，有一个现象是引起广泛关注的，而且对于这个现象的研究也获得过诺贝尔奖，它叫作"细胞凋亡"或者"编程性细胞死亡"。在我们的胎儿阶段有一个时期，手指跟手指之间有像鸭掌一样的结构，像蹼一样，后来那个蹼就消失了，消失的原因就是形成蹼的那些细胞按照指定程序自杀了，正是因为那些细胞的死，我们这五个指头才生出来。这方面的研究非常多，泛泛而谈的话，可以说肿瘤就是因为本该引发细胞凋亡的程序没有被启动，这些携带了错误遗传信息的细胞获得了永生性——它们不死了，这样就挤占了正常细胞应该有的空间。**所以，死亡的过程，可以是有利于生的。**我禁不住想，如果总是把个体发生和群体发生、个体现象和社会现象结合起来考虑的话，那是不是一些人的自杀就类似于细胞凋亡的过程呢？他本人死了，但是以某种方式有利于活着的人。

向死而生

"阴阳"模型中，阴阳之间并不是完全对立的：尽管存在着阴和阳，但也存在着阳中之阳、阳中之阴、阴中之阳、阴中之阴。那么，会不会也存在着纯粹的生本能和以生本能的形式体现出来的死本能，以及以死为目的体现出来的生本能和纯粹的死本能呢？虽说有点绕口，但结构并不复杂。所以，可以把我们的生命看作生、死这两个本能之间不断相互影响，或者我们用精神分析的术语——不断妥协形成而形成的一个结构。**生命现象不单单是由生的力量、生的本能所塑造的，它在每一刻都是由生和死两股力量塑造的。**就像在抑郁位的状态里，偏执-分裂位的那一部分其实就已经死了，可能正是由于难以忍受那一部分的死，它以诈尸的方式重新活过来，人的心智又会重新回到偏执-分裂位。从这种不断的循环往复中，其实也就可以看出生本能和死本能之间进行的旺盛的斗争。当然，**你也可以说这种斗争本身就是一种合作。这种合作是为了什么呢？是为了使生命圆满。**我们的心，或者说心之主体，具有生起和圆满的阶段，而在圆满的阶段，恰恰是死的部分逐渐占据了优势。正是由于死之将近，生之圆满成为某种迫切的东西；如果死亡遥遥无期，或者根本就不会死亡的话，那生命为什么需要圆满呢？正是由于它某一天终将停止，所以不得不有绽放的过程。

我们生命本质的一个方面是永生性，可就个体的生命现象而言却是有限的，这种有限性恰恰助长了生，海德格尔把这说成"向死而生"。当然，"向死而生"有非常丰富的、深刻的含义，跟我前面提到过的时间性也是有关联的，"生"跟"死"并不仅指我们肉身的生死问题，既然每一瞬间都有生与死的合力，那我们也可以用庄子的"方生方死"来形容它：每一时刻都在生，每一时刻都在死；如果说得更进一步，说得更究竟一点，那就"无生无死"。"无生无死"就接近于超体的状态，超体本身是永恒的，超体本身是完整的，所以它本身是不会有任何损减的。现象都是超体的显现，包括对于时间的体验，因为生命本身是一个时间性的现象，故而时间体验也都是超体在某个角度的一种显现罢了——这并非说超体像一个大型水晶球，而围绕超体转圈的人会看到不同的色彩；**我们当下所体验的一切，所有的东西、每一个东西，本身并不是外在于超体的一种观察，而恰恰就是超体的一种显现。**无论是生还是死，无论是逐渐生的过程还是朝向死的过程，其实都是它的显现。

不光人，所有的生物都追求永生。永生有非常多的体现，可以说永生性综合了性本能和攻击的本能，因为攻击有时候是为了获得性、占有性。所以，追求永生首先就体现在繁衍上，这使我们的基因尽可能传递下去，在这种性的以及性爱的追求背后，人的肉身可能是一个工具，正如鸡是蛋生蛋的工具。基因本身没有获得什么快感，可是基因获得了传递。我们人类也可能通过一些创造性的活动、智识性的活动获得永生性，比方说某个理论就可能在人的肉身消亡之后继续存活下来，这其实就像我前边所讲的 meme，它在超体里本来就存在。所以，有没有"新"的理论呢？并没有，**一切创造都是发现。**

说到这里，其实我已经渐渐地推导出一个精神分析的临终关怀理论（精神分析本身没有系统的临终关怀理论），使它逐渐在比昂见地的基础上被本土化为超体的见地。**在这个超体里，既然是没有丧失的，那么人只要使自己的生命圆满，也就算为死亡做准备了。**所以精神分析本身，从一方面来说，它是使一个人的心理出生的过程，像苏格拉底的产婆术一样（苏格拉底的妈妈是一位助产士）；从另一方面来说，我们的"助产"过程恰恰使他无惧于死亡，因为生命已经圆满了。所以，人之所以怕死，是由于他还没有充分地"生"出来，没有生出来，就又重新被吞噬掉。**很多来访者有各种各样的焦虑问题，在焦虑问题背后其实就是对死亡的恐惧，本质上是死亡焦虑的问题。**死亡焦虑有很多种显现，它比存在主义那种比较大一统的说法的层次更丰富一些。弗洛伊德本人的死亡是比较存在主义式的，大家容易忽略其安乐死的事实。对于弗洛伊德而言，精神分析要把个人的神经症转化为只是群体水平上大家都有的不安而已，弗洛伊德本人悟到这一点之后，他对于死亡是比较从容的。

我也想起我另外一位未曾谋面的老师，她是卡伦·霍妮（Karen Horney）的二女儿玛丽安娜·霍妮·埃卡特（Marianne Horney Eckardt，1913～2018）。我曾经写信问她有关死亡的问题，因为我觉得她有资格回答这样一个问题，她为死亡准备的时间真的好长。她的回答是："沛超，**我很少考虑死亡的问题，只要我们还活着，我们就应该享受每一天。为什么去花每一天的时间考虑死亡呢？不用着急，它们早晚会有到来的一天，我已经享受这么多年了，而且我还在继续享受着，希望你也享受。**"我把这段话送给各位读者。

课堂问答

问：有人说自杀的幻想是不惜任何代价睡觉，老师怎么看？

答：这只是个比方。因为死亡被称为长眠，所以每一天的睡觉也就相当于一种小死。但既然问题里说的是睡觉，那就意味着还要醒来，应该不是指长眠。就像我们在电脑出问题的时候，希望把它尽快关机、重启一下，这其实有点儿为了生而死的味道。但自杀者的幻想里是否有"我重启一下，现在进程已经太多，无法处理，卡在这里"的这样一个愿望？如果是这样的话，我想应该没有那么简单。**自杀这个幻想跟人想要生活的幻想的复杂程度是一样的**。人为什么想活着跟人为什么想要死，复杂程度是一模一样的。一些自杀者是为了杀掉坏的自己，一些自杀者是为了先干掉自己以避免被坏的客体所杀，一些是希望杀掉自己来惩罚坏的客体，一些是希望与已经丧失了的好的客体融合……

问：如果我们都是超体的一部分，我们体验的都是超体已经有的东西，那我们为什么还要作为个体体验这些东西呢？

答：**一种知性的理解和一种体验式的悟道甚至可以说是没有关系的**。你知道什么跟你见证什么没有必然的联系。就像是我对精神分析的重新定义一样，精神分析是体验那些经历而未曾经验的存在，而最大的存在就是超体。但是如果你的心没有体验到这些，那可以说你并不是直接在这样的一个超体形式的体验里的。如果说我们所有已经知道的东西都不用再去体验的话，那这个世界就变得很简单。有人告诉你某一个新开的餐馆的菜是什么味道，难道我们听说之后就不去吃了吗？可能听说之后更想去吃。

问：请老师再讲一讲心灵关系的死和永恒。

答：**一段关系本质上就有必死性**，就算是非常恩爱的夫妻，死亡也会把他们分开，把这两个有限的生命分开。**正是关系的有限性，逼迫着我们去使之圆满，这才造就了关系可能具有的永恒性。**否则你根本就不需要珍惜什么。

问："朝闻道夕死可矣"，这是不是太看重智慧的作用了？人活着，智慧第一吗？

答：人其实怎么活都行，我并非要教导唯一正确的活法。从事这么多年心理治疗教会了我，其实有数不清的活法，怎么活都行。有人觉得这个第一，有人觉得那个第一，这很好，生命的多样性是整个生命系统能够维持稳定的条件——这跟生态学所论是一个道理，某一片区域内，物种越单一，这片区域变成完全没有生命之地的危险性就越大。人跟人想法不一样、人跟人追求不一样，**价值观多态性是保证人类作为整体能够永生的一个重要因素**。所以当你觉得你的生命里别的东西是第一位的时候，不要觉得有什么不对劲；如果你觉得某样东西是第一位的，那么就好好地享受它，不只是在口头。于我自己而言，智慧是不是一定第一呢？也不是。我每天起床看看缸里的米还有没有，没有的话我得赚点钱，智慧就先往边上放一放，这本身也是一种智慧。

问：心理督导师的心理固着是怎么呈现的？呈现之后由谁来克服、监督和解决？怎么区分这些固着是被督导者的投射还是督导师自身具有的真相？

答：我猜想你肯定遇到了某一类现象，作为被督导者的现象，感到疑惑，所以借着这个场合来问一问。我没有权利对这个过程说些什么，只能够提供一点我所知道的常识。首先，并不是自称督导师就能够督导得了或者督导得好的。督导师本人如何督导，这也有一定的规矩。在相当长的时间内，我给别人所做的督导本身也被督导。这样的训练对成为督导师是必需的，因为给别人做督导跟给别人做分析，是不一样的。不能假设你能够给别人做好分析，你就能够给人做好督导了。所以怎么区分"固着"？什么东西叫作督导师的固着呢？我想这背后肯定有一个体验的过程，你给了这个体验一个名称，但这个名称是否能够真的指代那个过程呢？不好说。在这里我也没有办法同这位学员在这一点上有更深入的交流。

问：如果圆满可以被描述为一个人从出生到死亡经历的全过程。在这个过程当中，每一个环节（入学、就业、结婚、生育、事业成功、天伦之乐等等）代表个体的成长，如果缺了某个环节，如不婚不育，还能不能称为圆满的人生？怎样从生死观中看待圆满的标准？

答：圆满没有统一的标准。你是超体的显现，我也是超体的显现，你有你的圆满，我有我的圆满，牡丹有牡丹的春天，野百合有野百合的春天，不要以他人的某种圆满（这个圆满可能是你觉得的圆满）来约束自己。

第 11 讲

论七情：

喜怒哀惧嫉望无

"七情"是哪七情呢？从文献学上考察有很多种说法，最终我采用自己的说法：喜、怒、哀、惧、嫉、望、无。"喜、怒、哀、惧"应该是各种情绪流派通用的划分，至于"嫉、望、无"就不见得是所有流派共许的了。尤其是"无情"，它属于一种情绪吗？在我看起来属于，"无情"有两种，一种是"真无"，一种是"假无"，我们后文还会分解。

我写作这一讲时，正值春节假期。春节可以说是一个情绪的大熔炉，它所"要求"的情绪当然是"喜"——过年都不开心，那你什么时候才开心？过年不用上班、不用干活，小孩有压岁钱，大人也有麻将打，所以过年期间一定要有一种非常喜庆的感觉，连超市都充满了"恭喜你发财，恭喜你精彩……"的背景乐。这种强制性的"喜"的情绪过多了，有点像吃蜂蜜齁住了，不赶紧来点儿"负能量"，浑身都不自在，所以这一讲的重点不放在"喜"上。

情欲是智慧的燃料

"情"跟"欲"是放在一起的，它们是什么样的关系呢？在我看来，"情""欲"不光在汉语中常被连用，它们在本体层面也有非常多的关系。就像海浪一般，你能够看得到的海浪上的这个面，它就是情绪；但海浪是一种行波，行波里有力的传动，欲就是海浪下那些力的传动。你能想象一个海浪面背后没有力，或者背后有力却没有形成海浪面的情况吗？这是不可能的，所以"情"跟"欲"总是在一起。当欲望将发未发的时候，它是一种情；发的过程当中是一种情；发之后是一种情；发了但发得不畅快，还是一种情；发完了这次想发下次，又是一种情。我们的情欲（我在这里侧重于"情"的方面）就像燃料一样，一个油灯里如果没油了，哪怕剩下的条件都具备，谁也不能点亮它；但只要里面有油，哪怕外在的条件不具备（比方说没有灯芯，或者没有引燃它的火柴，或者风太大吹灭了火苗），它仍然潜在地发光。大家已经知道，"情""欲"在我的体系里是超体的某种显现的两个面向——它们的显现本是一体的，只不过这一体之后有两个面向罢了。这个"油"可以用来做很重要的事情，智慧就像光亮，如果完全没有燃料，我们的智慧就没有根了。所以**我们的"情""情绪""情感"跟我们的智慧就是燃料与光亮的关系。**

开宗明义，是为了让大家不要对自己的情绪产生一种"恨"。往往是对我们自身情绪的恨或者恐惧，形成了一种继发性的情绪，这个情绪往往造成病理性的内在体验或者病理性的症状。情绪聚焦疗法结合现代的情绪理论提出了"原发情绪"和"继发情绪"的区分，原发情绪往往是有益的，继发情绪就是对情绪的情绪，它是有害的。但是在我所讲的意义上，没有原发和继发，它们本质上都是燃料。如果想要有智慧升起（这个智慧可以是小智慧也可以是大智慧、究竟的智慧），本质上都得靠燃料。说了这么多，无非提倡一种见地：**我们要尊重自己的情绪。**尊重的英文是 respect，"spect"这个词根就是"看"，"re"是"再一次"，我们要再一次地看一看情绪：它是不是真的像我们所感知的那样？它是不是真的是我们烦恼的根源？我们是不是真的要完全断掉它？

西方心理学对情绪的研究

西方的心理学对于情绪有非常系统的研究，早到什么时候呢？早到达尔文，尽管达尔文本人不是心理学家，但是他对情绪的跨种族（不光是跨种族，可能是跨物种的，包含一些灵长目的哺乳动物）研究发现，情绪的外在表现具有统一性，这种统一性跟文化、语言、习俗都没有关系——这肯定有它的道理。后来的心理学家做了一些细化的研究，发现情绪可能像某种感知器官，向大脑汇报某些信号，以协助大脑进行合理的决策。所以情绪应该有信号的功能。我把这个信号功能分成对内的信号和对外的信号。传统的情绪心理学比较重视的，或者说研究得比较细的是对内的信号，比如焦虑有一系列生理和心理反应，它们共同向大脑传递"可能存在威胁"的信号，所以有些时候，我们在认知上并没有意识到发生了危险，但是情绪已经告诉我们处于危险当中了，这样，身体可能就会动员起某些力量来应对威胁。除了对内的信号功能，也有对外的。我们大家伸出手来握手，往往面带微笑，情绪的这种外在表示就向对方传递了一种你内心的信号，这对于正常的、有效的社交而言是必需的。

正常人没有情感紊乱、时哭时笑的症状，而精神分裂症患者可能就会存在"知、情、意"的紊乱，他的情绪可能是紊乱的，比如他老婆死了，他却唱歌——由于庄子是大师，所以不算作分裂症，换作常人，我们一定觉得这个人有大问题了。

在普通心理学教材中，"情绪"和"动机"常被编为一章，这不奇怪。在某种程度上，"动机"相当于我们所说的"欲"，既然"情"跟"欲"总是放在一起，那么"情绪"和"动机"被放在一章也不奇怪了。除了在普通心理学的这一章能够读到有关情绪的理论和研究之外，也有情绪心理学专著，或者关于情绪与动机的专著，在这里我们不再展开。

五情与五行

　　情绪在我们的文化当中，尤其在国术（中国传统技艺）中颇受重视。中医就是国术，当然它也有国学的部分、理论的部分，但更多的是被归类为"术"；在"理"的部分，可以把它算作广义的道家思想、道教思想，**中医总体而言属于"道"的系统**，它有非常不同于西方的情绪理论，这个理论主要是来自阴阳五行的观念。阴阳和五行是几乎所有国术的基础，如果你不通阴阳五行，不能够在一切处见阴阳、见五行，那么就很难真通国术。对于情绪，中医有非常系统的认知，并发展出利用情绪来治疗情绪性疾病的情胜疗法。

　　情胜疗法是近现代人的总结。五种情绪对应着五种颜色，对应着五种脏器，甚至对应着五声音阶，对应着五个方向，这样一来就像是对万事万物的现象作了一个因素分析，并且提取出了五个因素一样。那么，利用五行之间的相生相克关系推导出五种情绪之间的相生相克关系，然后由情绪之间相生相克的关系来进行制约、制衡、增强之类的工作，根据五行推导得出"怒胜思、思胜恐、恐胜喜、喜胜悲、悲胜怒"。我个人觉得这并不是一种简单的比附，一种情绪对另外一种情绪产生拮抗作用，几乎每一种关系都是比较符合常识的。

　　"怒胜思"：如果一个人处于盛怒的状态下，他也没有办法思考，可能拍案而起，接下来就要战斗。"思胜恐"：一个人非常非常害怕——杯里怎么有蛇的影子？他吓得不得了，吓得不敢喝这杯酒，最后泛化到不敢喝所有的酒，甚至不敢喝所有的水，最后就渴死了。这样的"恐"，我们应该怎么去跟它对峙呢？我们要让这个人明白杯中蛇影是怎么形成的，一旦他发现杯中的蛇原来是挂在墙上的弓之后，就没那么恐惧了——这有点儿像对于焦虑症的认知疗法。"恐胜喜"："喜"并不完全是一种正面的情绪，尤其在中国人这里。**中国人讲究情绪一定要在某些范围内，不能太过，过犹不及。**大家都知道范进中举，范进就是太高兴了，一下子疯了；也有人打麻将赢了之后突然心肌梗死；我还听说过一个故事，古代有个官员被提拔之后特别开心，因为一直以来的愿望满足了，然后日夜兼程地去赴任，路上就得了病，医生的办法是告诉他，他马上会死掉，要他赶紧往家跑，不要再去当官了。什么恐比死更吓人呢？这个人吓得不得了，赶紧回家，回家之后病就慢慢好了，因为恐已经压过了喜。"喜胜悲"：我觉得这件事情根本就不需要论证。一个人非常悲伤，如果他听一听相声，没准儿就能够开心一点。根据我个人的观察，抑郁症从好治到不好治之间有一个过渡线。这个过渡线是什么呢？就是这个人还能不能听得懂相声。如果还能够听得懂并且感到好笑，这类抑郁症就比较好治；如果听了相声无动于衷，这个人就不好治了。"悲胜怒"：在非常怒的情况下，如果引入悲伤的情绪，这个时候怒气自然也就消了。在家庭治疗中，当家庭成员都在彼此发怒的时候，我们要去揭示，"怒"背后的丧失感：你不是我想象的那个人，我居然也不是你想象的那个人，我们的孩子还不是我们想象当中的孩子，一听孩子说的话，我们作为父母也不是他想象当中的父母——天哪！我们大家都丧失了那么好的东西，大家都悲不自胜，根本没有力气来发怒了。

　　在我看来，五种情绪跟五行之间的这种同步关系并非偶然，这一定是在更基本层面上的一种秩序。最基本的层面是什么呢？当然是超体了。**所以一种情绪本身可以致病，但是它也可以成为另外一种情绪的解药。**

七情各论

以上是七情的总论，下面就是各论。

喜

过年时，所有人都要求你喜，大街小巷都要求你喜，三姑六婆都见不得你不喜。虽然做人最重要的是开心，可是开心有那么容易吗？没那么容易，因为一个开心的人跟一头快乐的猪是不一样的，人只要有想法，简单的开心就没那么容易。

怒

没准过年时愤怒的人比开心的人多得多。以我临床之所见，**愤怒的背后通常是脆弱，烦的背后通常是怕，指责的背后通常是绝望。**如果你家里养狗，就会发现越是小狗（像博美犬），越是体型小、力气小、咬力小的，越容易愤怒；越是大型犬（比如苏牧、边牧、萨摩耶、金毛），体型大、有力量的，越不容易愤怒。所以，**正是因为脆弱，所以需要用愤怒来加持一下自己。**这里所说的"愤怒"通常是指"盛怒"。愤怒有两种：一种是盛怒，一看这个人就知道他在发火，怒目圆睁、吹胡子瞪眼、拍桌子跳脚就属于盛怒；还有一种怒是憋出来的，属于"郁怒"，这个人看起来可能是笑嘻嘻的、乐呵呵的，其实内心愤怒得要死。中国人的郁怒格外多一点，这种郁怒往往带来肝系疾病，肝为里、胆为表，其开窍在眼，郁怒的人容易在肝、胆、眼上出问题，并且容易在肝经的循行部位（比方说乳房、脖子）生肿块，所以郁怒是很多肿瘤的成因。

我想起差不多十年以前，我和吴和鸣老师在西园寺请教三位法师"云何使人不愤怒?"当时的宗净法师回答说：你可以想想愤怒有什么好处、不愤怒有什么好处、愤怒有什么坏处、不愤怒有什么坏处，你算一算，然后就不愤怒了。这属于一种认知疗法。当时的界文法师回答说：你愤怒的时候，可以想象一下，你所愤怒的这个人，本身也是受苦者，这样，你对一个受苦的人就没有办法愤怒了。这有点像目前已经成形的聚焦与慈悲疗法。当时的成峰法师说：可以观察一下愤怒是怎么升起的，当看到它怎么升起的时候就知道它怎么落下了。这属于内观认知疗法。这三种疗法目前都已经转化成了认知疗法第三波。

哀

弗洛伊德的名篇《哀伤与忧郁》（Mourning and Melancholia）中讲，哀伤本身是一种正常情绪，就像哀悼是一个正常历程一样。在一些家庭中，小孩一不开心，父母就着急得不得了，但其实悲伤本身是人的一种正常的情绪，小孩的玩具坏了，你都不让他不开心一下，马上要给他买一个新的，这就是一个问题。**丧失带来的哀伤体验，是我们都需要操练的，是我们生存的必修课，如果阻断了这个过程，就会产生"哀伤不能"**——正常的哀悼历程被阻断之后，反倒进入一种假性的修通和假性的成熟。一些人看起来并不悲伤，也并不悲哀，但可能说自杀就自杀了。丧失是一件无法避免之事，尽管在超体层面万事万物是不增不减的，但在相对层面是随时增随时减，方生方死的。所以**如果我们没有哀伤的能力，就没有办法与无常共舞**。我想起我当年的同学经常在楼道里喊的一句话，"我们终将走出黑暗，迎接下一个黑暗"；就像朋友圈里经常看到的那句话，"等忙完了这一阵子，就可以忙下一阵子了"。**我们要准备一种随时能够哀伤的能力，不要自己把哀伤这个能力给废掉。**

惧

正如前文所说，烦的背后往往是怕。来访者说"好烦"，我就会问"你在怕些什么？"有时我们只是怕，却不知道自己怕些什么，所以临床的过程往往就是跟来访者一起看，究竟怕什么——**如何把不均匀的悬浮恐惧，转化成一些特定的怕**。明枪易躲，暗箭难防，一个人怕但不知道怕什么，最后为自己有怕而怕，这个人就要怕得惶惶不可终日了。治疗的前提是，你自己没那么怕，或者你知道自己在怕什么，如果不是这样，别人怕时，你比他怕得还快，你比他溜得还早，那就危险了。

嫉

精神分析花了很大的心血去研究这种情绪，弗洛伊德谈"嫉妒"（jealousy），克莱因谈"嫉羡"（envy），并且把嫉羡视为死本能的化现，用以解释大量的负性治疗反应。

望

有研究把 anticipation 算作一种情绪，anticipation 就是某种期待，你能在幼儿、婴儿那里看到某一种期待的神情，对应的内在体验简略为"望"，这个"望"本身跟时间性有关。"望"总是指向未来的。有一种防御机制叫"寄望将来"——"忙完了这阵子就好了""走出这段黑暗就好了"，我们对未来有着这样的指望。谈到"指望"，我们很多人本身又是被指望的。指望是一个很难翻译的词，中国人可能比较能够了解这句话背后的压力："你是全家人的指望。""全家人都指望着你。""全村人都指望着你。"……**指望背后仿佛就是指责，**

它们非常非常近。所以没有人指望你，可真是一种很大的福德。像我们做心理治疗师，多少人把希望寄托在我们身上啊！我们本身作为被指望的对象，这个活儿可不轻松。

无

"无"情大致应该分成两类，第一种是修行的某种境界，所有的情欲都没有了，解脱了；除了这一种情形之外的无情，都是病理性的。**它与什么相关呢？它与一种内在的死寂性（inner deadness）相关**。你会发现很多人病理性的核心都存在着一些无情的岛屿，不光显现为一些外显的症状，比如述情障碍——有些人的确没有办法体验并讲述自己的情绪，这种无情更多是一种防御——如果他是死人，那么他就不是被指望的对象，他就少了很多责任，他也避免了与人接触。**维持在无情状态，能够保证自己免除很多有情之困扰**。我提出一个叫**"兵马俑人格"**的概念。兵马俑人格跟僵尸、活死人是不一样的，僵尸、活死人都曾经活过，但兵马俑不是这样。兵马俑的"出生"本身就是为了陪伴死人的，所以它们没有活过，它们一开始就只有一个人的样子而已。这种病治起来，可以说就像使兵马俑变成活人一样，简直像一种奇迹。我认为这种人格在所有假死性障碍当中处于最极端的那一极。这种人少吗？不少。我看过一个新闻，孩子写了万言书控诉自己的父母，父亲看过后就说了一句话："还不都是那些内容，说过好多次了。"你就可以从中看到，采用任何方法也无法使一个兵马俑活过来。

这七种情绪就像七种光芒一样，它们像超体中射出的白光经过棱镜分解后的产物。你可以喜欢其中一种，讨厌另外几种，但想要把其中的某种光从这个光的连续谱中去除是不可能的。正是这些东西，使你这个人作为个体，从无限当中涌现出来，变成有限的。所以，应该尊重这些情绪们，正是它们使我们活着。

课堂问答

问：情感和情绪的内涵在超体里的解释有什么异同？

答：情感 affect，情绪 emotion，我通常把它们混为一体，有时候说情感，有时候说情绪。事实上，情感更加偏重生物学的层面，而情绪更多地体现在社会交往的层面上。在超体里，我没有办法把它们区分开来，只能笼统地说。它们有细微的差别，但它们的根肯定是同一个。那个根在哪呢？根肯定在超体里。

问：情感和情绪对心理成长的影响和作用是什么？

答：一个好的心理咨询师应该是情感比较丰富的，但他的情感又是比较合乎节的，是在一定程度内的，是在一个非常惬适的范围内的。这样的话，无论是情绪还是情感，其丰富性、动态性和生动性就会比较强。当然这可能需要慢慢修炼出来，但如果你天生气质如此的话，那就再好不过了。

对于我个人而言，因为我在生活中爱开玩笑，生气时火冒三丈，所以在临床当中，我可能还要把自己的情感跟情绪适当地收一收。

问：与其他行业的人相比，心理咨询从业者在情感和情绪方面的修行高在哪里？

答：只要属于帮助型的行业，只要是专业型的助人者，即 professional helpers，最好都具有这种素质；如果你是医生，最好也具有这些素质，不管在内科还是外科。对于某些行业，可能要求没那么高。如果是程序员，需要更多地了解电脑构造，电脑本身没有情绪，所以和电脑打交道时，对情绪不需要有太多的关注。

问： 可以解释一下咨询师的移情、反移情、无情带来的困扰吗？

答： 如果你想大概看一看移情、反移情概念的演变，那就阅读约瑟夫·桑德勒（Joseph Sandler）等人所著的《病人与精神分析师》（*The Patient and the Analyst*）这部书，尤其是"移情""移情的其他变异"和"反移情"这三章。

至于无情，咨询师处于无情状态当然不行，但是在临床工作中，咨询师的情绪如果像在日常生活中一样，那也不太合适。可能某些流派格外要求一致性，提倡你在生活当中什么样，在临床当中要一个样。但是所有分析流派都有总的原则——节制，所以在这个空间当中，尽量还是要往后退一点，以便给病人的情绪留出大一点的余地。

问： 17岁男孩对自己、他人跟事物都没有太大的情绪情感反应，经常慢吞吞地说"就那样吧""没什么感觉"，不记得自己有什么高兴、悲伤、难忘的事情，如何入手改变他？

答： 首先，是不是一定要改变呢？就你描述的这些有限的信息而言，他可能也是正常的，未必是什么异常现象。不是人跟人非得一个样，尤其现在的社会以某种方式鼓励人们表现得外向，这就使那些偏内向的人好像一开始就带了某种病一样。至于你所述案例存在的异常，可能是人格方面有一些偏差，不到障碍的程度，也可能只是对于某些事件的反应……重点是要去问这个人，他是怎么体会的。**我们不能在完全舍弃这个人主观体验的情况下，就对他做某种论断。**

第 12 讲

论六欲：

食欲、性欲、权力欲、连接欲、分离欲、无有欲

有关情感和欲望的关系我在上一讲已经谈了一些，情和欲总是交织在一起的，它们共同形成了波浪以及波浪下面的静力。作为一个人，不可能避免情和欲的问题。**我们的情有非常多的层次，欲也有非常多的方面。**人实在是太复杂了，理智的部分或许有说清楚的可能性，情欲方面简直深不可测。尽管作为人类，男性跟女性的共通性是更大的，但确实又有很大的差别。弗洛伊德一辈子研究人的无意识，可在他老了的时候，他还是无比感慨地问：女性想要什么？对于女性欲望的问题，弗洛伊德还是没有想清楚。关于男性好像还简单一点，因为他自己是男性。

谈到欲望就会有很多相关的词汇，比方说纵欲、禁欲、节欲，这是对待欲望的几种方式。在人类文明的曙光还没有升起的时候，欲望问题没有今天这么复杂，人的欲望跟我们的灵长类近亲是差不多的，人干什么呢？就是要吃、要交配。或许当我们的祖先形成了一些小规模团体的时候，里面会有一些与权力有关的欲望，但这种欲望通常又是和食欲及性欲紧密结合在一起的。那个时代的人没有今天人们的一些烦恼，比如手机系统一直要升级，升来升去，究竟是什么在被满足？古往今来有关情欲的问题，尤其是有关欲望的问题，常常被压抑。"情"毕竟能够进入我们的主观体验，如果稍加注意，首要的情绪是不难辨别的，但是欲望似乎永远处于黑暗当中，正如你能清楚地看到一个球往下落，但要看到万有引力是比较困难的事情。

文化传统中的情欲

在儒家看来，人心理发展的最高境界就是从心所欲而不逾矩，这也是孔子晚年对自己人生境界的描述。"从心所欲"并不是会带来破坏性结果的那种状态。总体而言，儒家对于欲望有一个相对务实的做法。首先，吃东西很重要。人，不光是活着的人要吃好，死去之后也要吃好。猪头、羊头、牛头都是不容易获得的肉，这些要弄来给老祖先吃，或者给以前的圣贤吃。那至于性呢？老祖宗认为，性除了有生育这一个非常重要的目的之外，剩下的部分也像吃饭一样。所以，既然吃不是问题，性也不太是个问题。在大家的印象中，好像儒家是比较禁欲的，这其实是宋以后的事情。儒家对欲望的看法其实在不断发生变化。

道家总体而言讲求节欲。当然，道教修行中也可以把欲望视为一种能量。这种能量要想得到合理的转化，就必须使它进入跟正常的性兴奋、性高潮不一样的渠道，进入一个比较高级的渠道，从而逆转生命不断败坏、不断涣散的趋势，达到"长生"的目的。

在西方人的观点中，我最喜欢的是尼采的说法。尼采本人在中国人眼里绝非圣贤，但是对于西方人来说，一个人不需要一定得言行一致。尼采是比较疯狂的，但是他得到的很多假设或者论断非常有启发性。比方说，尼采讲过"人最终爱的是自己的欲望，而不是自己想要的东西"。难道我们不断要把手机系统升级，其实并非真的需要那个最新版的系统？重要的是，这个不断升级的系统就像驴面前的草一样，它使我们保持在一种仍然渴求、仍然需要运动的，有能量的状态。**正是欲望，使一个人感觉自己是活着的。**我觉得尼采的这个说法已经非常通透了。**我们并非爱我们欲望所指向的那个东西，重要的是那个东西使欲望不断地滚动、不断地滑动、不断地波动。这样我们就可以被我们的欲望所承载，而处于一种活着的状态里。**

精神分析中的情欲

精神分析对欲望有很多论断。当然这里的"欲望",有时候是"需要",有时候是"本能",有时候又是"驱力",在不同的语境下,它会有不同的变化。比较纯粹地讨论了欲望的动力学的人是拉康,他用很多的图式来解析欲望,有关客体小 *a*❶ 的说法跟尼采的那句论断有一些神合之处。

总体而言,我们在临床上的观察是,**焦虑的背后就是欲望**。焦虑是一种情感,情感的背后一定有未被满足的欲望。未被满足的欲望其实就等于欲望,如果一个欲望在产生的那一刹那就被满足的话,这个欲望事实上从来也不会完整地升起。所以欲望本身前面就带有一个括号:(未实现的)欲望。焦虑有很多精神症状,比如广泛性焦虑症、特定恐怖症,特定恐怖症又分成很多种,比如广场恐怖症、幽闭恐惧症、特殊物体恐怖症、强迫症或者惊恐发作,它们的背后都有焦虑,这些焦虑的背后都有欲望。与焦虑相对的就是抑郁。抑郁是怎么回事呢?**抑郁的背后是失望**——没有了欲望,没有了产生欲望的能力,或者说是一种假性的没有产生欲望的能力,至少在形成症状的这部分病理性组织里好像没有欲望了。一个人与死的状态认同,而死人是没有欲望的。

---

❶ 在拉康的思想中,客体小 *a* 是一个非常重要的概念与符号,英语译为"object (little) *a*",在我国的台湾地区普遍译为"小对形"。但是拉康坚持此词应该保持为一种不被翻译的状态,这样就能够获得它原本作为代数符号的身份。客体小 *a* 这个符号是拉康著作中出现的第一个代数符号,它最初是在 1955 年讨论 L 图示时介入的,它同时也永远是小写格式与倾斜字形,使之显示其所指涉的是小彼者,同时又相对于大彼者。客体小 *a* 是拉康的一个谜,其定义多样并复杂。它和现实世界相关,又在现实世界之外。

本脚注参考文献:

李勇 . 简论精神分析中客体小 a 的概念 [J] . 金田,2012(8):290.

居飞 . 拉康的客体小 a:自身差异的客体 [J] . 世界哲学,2013(6):9.

我们的欲望有很多的层次和动力，一个欲望的背后还有欲望，再背后还有欲望，就像浪打浪一样，一波未平一波又起；也像一个大齿轮里跟随着好多小齿轮，小齿轮间又有传送带将其传送到其他齿轮那里去，于是当你观察一个机器运转的时候，你不知道哪个轮是主动的，哪个轮是受动的。如果说得简单一点，我自己的说法是：**我们的苦其实只有三类，第一类苦是你没得到的时候你想要；第二类是你得到了但是你害怕失去；第三类是你已经失去了但是你在思念。**这跟我们的日常生活更近一点，可能更容易理解。有些心理治疗流派可能并不太关注欲望背后如此复杂的飞轮、齿轮、传送带，但至少对精神分析流派和存在主义流派而言，这是非常重要的。欲望并不仅仅是表层的动机问题。

食欲、性欲、权力欲

我把欲望分成六大类。这六大类有些跟通行的欲望分类能很好地对接，有些是我自己的说法，不一定对，我通常也在不断修正自己的说法。只要思考活动一直是开放式的，一直是滚动式的，辩证的过程就是有意义的。所以我不打算把它封闭成一种教条的体系。

最基本的是食欲，仅次于食欲的是性欲，然后是权力欲。权力欲很复杂，有跟食欲和性欲密切相关的部分。如果你有了至高无上的权力，像古代的帝王一样，那你就可以享用到最好的。

食欲

食欲就是一个"口腔合并客体"的欲望，这背后当然有生理性的需求。弗洛伊德老早就看出口腔的合并欲望不仅仅是生理的需求。因为合并进来的不光是母亲的乳汁这样一个对生命非常重要的食物，它也代表了一种关系，随着乳汁一起进入的也包含了另外一个人深情的关切、与一个可靠的人所形成的稳定关系，所以这成为脐带的替代品，我们需要努力保有它。这就是为什么说母乳喂养的不仅仅是母乳而已，尽管今天奶粉的成分已经能做到跟母乳比较接近，但是哺乳这个过程不仅仅是"吃点什么"的意义。

去医院看病时，涉及生理性的疾病，医生都会问饮食方面的问题，在中医这里就更重要——食欲怎么样？吃的东西能不能消化得动？为什么即使面对咳嗽这样的症状，中医也要问吃的问题呢？因为能吃下去，有比较健康的、均衡的食欲，是生命系统的一个标志，它代表着你这个生命还在努力向外在的体系要些什么，它还在努力从外部摄取一些东西到这里来。而如果一个人生命中的一些基本层面出了问题，那可能就会显示为食欲消退。一个人病倒了，突然这几天水米不进，在中医看来这可能就是大限将近的一个标志。由于这是一种如此基本的欲望，所以一旦在这个欲望上出了问题，一定是很大的问题。就像是进食障碍一样。进食障碍仅仅是不愿意吃东西吗？是厌食症吗？它不光是对食物的拒绝，也是对于关系的拒绝，说得更深刻一点，就是对这个世界的拒绝。所以进食障碍是非常要命的一种病，病人在食欲这样一个很基本的层面出现了紊乱。尽管在精神分析的发展心理学里包含了"口欲期没那么好，俄狄浦斯期更好，性器期更好"这样一个标准，但事实上是需要对这个标准存疑的。口欲代表着一种希望，代表着一种与自然连接的希望。为什么很多病都需要退行到口欲期，然后满足口欲或者解析口欲才能够解决？就是因为**正常的口欲是其他欲望的前提**。

性欲

性欲可以说是口欲的某种延伸和变形。就像食欲并不仅仅是连接

食物一样，性欲也并不仅仅是促使性器官连接——当然这很重要，它满足了一个种群的繁衍，生命的本质在于永生性，一个种群如果不繁衍的话，那它就已经是一个死了的种群，所以一定有非常非常深刻的机制，保证着性欲是正常运行的。但是人的性欲并不像动物那么简单，除了生物性之外，也包含了与生物性对立的主体性——我们并不仅仅是一个生物体，我们是一个人，同时处于社会文化的背景里。**在不同的社会文化背景里，性欲被一个社会所暗示，或者所禁止，或者所促进，其程度是不一样的。**

我们今天的社会在很大程度上受消费主义和工具理性的影响。在这个意义上，性并不能仅仅以繁衍为目的；重要的是，在满足性欲的过程当中，能够促进消费。所以如何让社会这个机器运转起来？那就应该鼓励人的性欲，一个人如果想要获得性，需要做很多事情，做很多事情这个过程就促进了消费，只有这样才能够促进生产和再生产。

但是，欲望运行的背后都是有动力的，随着社会经济条件的变化，一个社会也有可能又进入到草食时代，就像日本的宅男文化，反倒让大家都成了无欲青年，走到了它的反面。这也是人的欲望对社会文化及其背后的经济、政治（尤其是政治，因为一切性压抑的本质都是政治压抑，所以一个社会的政治面貌影响了这个社会的性的面貌）的反应。一个社会的假正经会制造出一种假正经的气氛，假正经气氛的一个补偿是在性的方面格外离谱，格外非自然。

性欲尽管对于个人而言没有食欲那么基础，但它对于群体而言比较基础。一个人的食欲出了问题，他就想干掉自己；一个人的性欲如果出现问题，他要使这个群体不能够继续繁衍。性相关的心理障碍，不论是性身份的、性取向的还是性行为的，其背后可能都会受到我刚刚所说的因素的影响。

权力欲

权力欲跟性欲和食欲都有密切的关系。权力欲往往与施虐受虐有关，施虐受虐是肛欲期的残留，后现代流派会从权力的角度来看待病和治病的过程。生病是不是一种权力？一个家庭当中谁有权力生病？一个人看病是不是一种权力？这个人是要动员家庭一起来看病，还是自己私密地来看病？对于这个病的诊断是不是一种权力？它应该由精神科医生诊断，还是由心理治疗师或者心理咨询师来诊断？把一个人治成什么样子叫作治好？这是单方面决定的，是共同决定的，还是他们两个尽管都觉得自己决定了，其实被一双看不见的手决定了？这个社会的很多现象，一直具体到心理咨询室里，都有看不见的权力的分布、运作、竞争、取代。从这个角度出发，一些比较激进的后现代流派发展出赋权疗法：我给你这样的权力；这种疗法背后的一个本体论问题是：谁给了你赋予别人权力的能力？权力的背后另有权力，一个人从皇帝那里得到兵符，见此符就可以发兵，看起来，权力从皇帝那里通过一个兵符被象征性地转移到将领手中，但是，皇帝的权力是谁给的？皇帝的权力背后有一个权力体系在规范着他。我在这里没有办法针对一个临床现象来谈背后的权力欲以及权力欲的运作动力，我只不过是把它放在这儿，以便大家思考临床现象的时候关注这个维度。

连接欲、分离欲、无有欲

接下来进入比较抽象的层面。无论是食欲、性欲，还是权力欲，背后似乎有着一种与某物连接的欲望，而这种连接欲望的反面是一种去连接、不要连接、攻击连接的分离欲。无论是连接欲还是分离欲，本质上还是一种"要"怎样的欲望。在一个更基本的层面，可能存在着一种与连接欲和分离欲都对立的无有欲，那就是什么欲望都不想要的欲望。借用一个不恰当的比喻：连接欲是"我爱一个人"；分离欲是"我想要离开一个人"；无有欲是"诶，这个人是谁呀？"

连接欲就像食欲中对于食物的连接，性欲中对于性客体的连接，权力欲中对于一种比较抽象的资源的连接，这些好像都是生本能的一种体现。我们看到一个人又能吃，又有性欲，又非常追求权力，我们就可以说这个人的欲望非常强，这个人非常想要活着；他有一种广泛的与人连接的欲望、与物连接的欲望，那个物可能被视为人的替代，可能被视为一个丧失了的完整客体的替代，也可能被视为人的一部分（部分客体）的替代，在这种情况下就会发展出恋物；他也可能有与理连接的欲望，这样的连接既不指向人，也不指向物，而指向某种抽象的体系，像是一种连接欲的升华形式。所有的这些连接、连接的连接背后，我们究竟要连接的是什么？我觉得应该是超体。超体显现出很多东西，这些东西有一种让人迷恋的特质、让人迷恋的气氛，让人产生一种想要感，让人愿意投身于这些纷繁的现象当中、沉醉其中，避免与超体分离，与超体分离像是一种比较恐怖的事情。**当一个人还能够有比较旺盛的连接的欲望的时候，它就避免了与超体的分离。**当然，与超体分离，这是在想象当中的，因为我们知道，在本体层面，它只是超体的一部分。

所以我们要看到，食、性、权力背后的背后，是否存在着一个人想要与这个世界连接的某种显现，无论是以食物的美味显现，以性高潮的快乐显现，还是以某种权力的满足显现，这些都是在与一种非常基本的东西连接。并不仅仅是连接了它，重要的是内心的某些东西通过它连接到一些更大的东西，而如果把这个人内心的东西与更大的东西视为一体的话，其实他想要促使在超体内进行这些连接。但这是有负担的，为什么呢？在这样的一种连接当中，人的主体感可能就会丧失：在吃得非常好的时候，忘掉了自己的存在；在性高潮的时候，忘掉了自己的存在；在拥有最大权力的时候，也忘记了自己的存在——他的主体没有办法由于这样一种过强的连接而存在下来。那如何能够拯救这个主体呢？那就是与这些东西分离，所以，**分离的背后似乎是死本能，但这个"死亡"促使主体超然物外**。当然，这是服务于生的死本能。如果即使如此他也觉得难以忍受，如果他觉得只要存在主体就是一种负担，最好与主体也分离，在病理性的情况下，这个人可能就会进入一种假死的状态，进入一种永久死亡的状态。

最后谈一谈无有欲。我把它放在一个序列当中：欲有、有欲、无有欲、有无欲、有无有欲、无无有欲——这是我自己的分法。"欲有"即存在着欲望，但这个欲望把我占据。当"有欲"的时候，欲望是存在的，但是这个欲望被主体包围在里边了，即"我拥有着一个欲望"。到"无有欲"的时候，就是"我想要去除这样一种拥有欲望的感觉"。"有无欲"就是有一种欲望，这种欲望是希望自己没有欲望。"无无有欲"是连"无有欲"也没有了，一切东西都泯灭了，就像某种涅槃的状态；在这个时候，一切的运动都没有了（因为欲望是运动的来源），人跟超体就没有区别了，他完全融化在里边了。这是在理论上做出了一个阶段性的划分，我对它的思考还是比较有限的。

现在我就把欲望分成六种，但我不知道下次还是不是这六种，但至少这是一种看待人的心灵，看待人的痛苦的一个框架，也是看待对痛苦的疗愈以及具体临床过程的一个框架。如果它有用，哪怕有临时的用处，那我也是非常随喜的。

课堂问答

问：老师是否体会过无欲的感觉？是怎样的感受？

答：比较粗的一种无欲感其实并非什么神秘的感觉，所有人在日常生活当中都能经常体会到它——什么也不缺，酒足饭饱的时候，其实就是一种体验上的无欲状态；可是如果在这样的状态里，你转向观察模式，那你就会发现在这种比较粗的无欲状态下面，其实运行着非常多细微的欲望。**有些欲望之所以不被感受到，是由于在它生起的时候，有其他欲望与之拮抗。**当它们内部斗争，而斗争的力度不足以大到形成某一个东西进入意识的时候，我们感觉不到。还有一种情况是，**你的生活当中运行着一些非常惯常性的、背景性的欲望，只不过你没有察觉到它，没有观察到它。**就像地球在非常快地自转，同时又绕着太阳非常快地公转，但是由于这些就在我们的背景里，我们意识不到，除非你有非常重要的参考系。

问：力比多在超体当中的存在形式是什么？

答：我理解超体本身包含了一切可能性，它不光在本体上包含了力比多的相应物的存在形式，它也包含了"力比多"名词的存在。无论是这两个层次的哪些存在，每一种存在都处于更大的一张网当中。所以它的存在是在与其他存在物的关系中，以相对应的方式存在的，而不是孤立存在的。这就是一种可能性，联系也是一种可能性。我没有办法画一张图，就像弗洛伊德的结构图一样，这样就能够看出本我大部分处于无意识当中，这里应该就是力比多的存储地。超体不是那个样子，没有办法把它二维化。

问：一个人不结婚是什么欲望？

答：我只能有一些联想。不结婚的情形非常多，谁知道具体的这个人是因为什么不结婚呢？再者，就算他告诉你，他因为这个或者那个不结婚，也可能是骗你的，更可能的情况是骗他自己的，背后有更深刻的原因，他其实也不知道。结婚跟性交不一样，性交无须发明，而结婚是人类的一个发明，它是一个历史现象，对于人而言意味着非常非常多的东西。可能这个人在意识层面上评估后觉得结婚对他而言是负资产，或者他无意识地觉知到了这一点，所以他就选择了一个暂时不谋求结婚的状态，至于他以后怎样，我们也不知道。一个人对自己欲望的认识（包含对不结婚的欲望的认识）会拓展这个人的心，之后很多现象就会不可思议地被发现。据我个人预测，婚姻制度在未来可能会不断地发生变化，直到某一天变得面目全非，变得难以想象，变得令今日今人听起来瞠目结舌。

问：在融会贯通东西方心理学的领域，能否推荐一些书？

答：我读的书当中并没有一本叫作《东西方比较心理学》。心理学存在着西方体系，这个体系通常分为史前史和正史两个部分。史前史通常是从古希腊一直到奥古斯丁，到阿奎纳，到康德，到黑格尔，然后在冯特之后进入正史，一直到现在比较火热的认知神经科学，这是主流的心理学体系。除了主流的心理学体系之外，世界上还存在着几个"非主流"，他们对于心的认识其实不亚于科学心理学的系统。四川大学的陈兵老师编写了《佛教心理学》，是非常厚的一套书；还有另外一套体系是中医心理学的体系，这个体系略小于佛教心理学，但是好好整理的话，分量也不轻。

西方除了比较"显"的实验心理学传统之外，还存在经验取向、解释学取向的心理学，布伦塔诺体系的心理学，其影响主要保存在现象学、哲学、解释学、存在主义、精神分析、分析心理学当中。开卷有益。

问：如何能够更深入地理解"焦虑的背后是欲望"？

答：对于经常做临床的人、做个人体验的人来说，理解这句话不难；如果没有的话，你不妨给自己做一系列的实验。每当你焦虑的时候，你就拿出一张纸，填三栏表：我现在体验到焦虑；目前我处于一个怎样的情境当中；在这样的情境当中，我有一种怎样的欲望或冲动。借助这样的形式，你可以观察自己的焦虑，这个时候你慢慢就比较信我这句话了。**我们在临床上不害怕病人焦虑。病人焦虑代表他的欲望还非常丰富。欲望丰富代表个人的燃料还是很足的。**这样的病治起来比抑郁好治，抑郁看起来就没有燃料了。

第 13 讲

论关系：

我-你关系、

我-它关系、

我-你-它关系

关系这个词可具体可抽象，我在本篇要努力讲它抽象的方面，当然从抽象仍然要回到具体。我们现在是什么样的关系呢？我作为作者，大家作为读者，什么样的力量让我们居然交会在这样的一个时空呢？我想首先，我同大家作为一个总体的关系很有意思，其次，我同每一位读者的关系都很有意思。大家也可以想一下我们之间是什么样的关系，你居然愿意花钱，重要的是付出时间成本，来阅读我的这些文字。

"关系"可以说是一项国粹，不能简单地被翻译成 relationship 或者 relation。在社会心理学和社会学当中，guanxi 这个拼音已经是一个专业的术语。**中国人对关系的理解有自己非常暧昧、非常独到、非常难以被其他文化所知的部分，关系无处不在、一言难尽。**很多人只要想办一件事情，不管是什么性质的事情，小孩上学、家人看病、找个心理治疗师，第一步就是找关系，我们要想一想：朋友圈里有没有什么关系可供动用呢？解决所有的问题时，我们被激活的第一个反应好像就是看一看有没有什么样的关系。有些关系是从西方传过来的，比如公司化的雇佣关系，在我们的文化和语境里通常也有更多的内涵；或者医生和病人的关系，也有更多的部分，不仅仅是一种专业关系（professional relations）。**我们总是很倾向于把这些人视为跟我们的家庭有关系——他最好是我们的家人，是自己人；成为自己人非常重要，我们跟他人的关系中存在着一个屏障，进了这个屏障就叫自己人了。**

人际关系由"它"系统连接

即使来我这里做精神分析或者心理咨询，也会遇到熟人转介，熟人会暗示有一些要求，这样就会在专业关系上叠加一些东西。问题是，我们大家为什么需要以此种依赖于关系的方式交往呢？我们有时候感到无奈，因为不是我想要这样的，也不是对方想要这样的，而事情本就是这样的，仿佛我们之间的关系是由一个隐秘的第三者来界定的。所以在我和你的关系里包含了一个"它"，这个它不是一个具体的个人，而它无所不在，你也不知道它在哪里，总之它是让我们无奈的，因为它超出我们能控制的范围，超出我们能够想象、能够理解的范围。

大家可能没有留意到，弗洛伊德的"本我"是先从 das Es 到 id，然后才被翻译成"本我"，这个部分倾向于被视为我们的主体系统，但其实弗洛伊德一开始使用的那个词就是"它"，这个"它"在德语中是直接翻译出来的，就是非生物性、非主体性的那个"它"。只要是我们的主体之外、自我之外的东西，像前几讲所提的那些七情和六欲，这些都不完全受我们控制，相反，我们通常发现自己受它们控制，我们跟他人的关系也受我们自己或对方的七情和六欲控制。**七情和六欲的情欲系统在我们背后控制着我们。**然而最大、最究竟的"它"是什么呢？那就是死亡，看起来一切事物都有幻灭的阶段，有一个幻灭的终点，这样它就吞噬掉了一切你觉得属于你的东西。**死亡的力量构成了一个最沉默的，也最永恒性的，或者说最可怕的它者。**从你这里发出的任何声音在那里都没有回应，只有一个现象回来，就是终结。

我们跟这个"它"系统的关系是非常重要的。**人跟人之间的关系不是自由的，由各种各样的"它"系统连接。**比方说，我们要去乘车，我们跟司机是什么样的关系？我们跟司机的关系并不是既定的，我们都在那辆车上的时候，这个关系就被一辆车——这样的一个

"它"，一个非常具体的"它"给约束住，这是非常简单、直接、形象的比喻。我们跟自己父母的关系，有没有那么自由呢？也没有。在各种文化当中，父母通常感到他们有责任把孩子养活、养大，这完全是他们的愿望吗？不是的，我想做过父母的人应该不会反对这一点。我们跟孩子之间的关系，或者跟我们自己父母的关系，也被一个隐形的"公交车"，一个"交通工具"所规定。如果你持续这样看下去的话，我们跟来访者的关系有多大的自由呢？来访者寻找到我们并不是由于我们就是个怎样的人。首先是我们提供了这样的服务，他无法在大街上看到一个人就扑上去要同这个人做治疗；我们即使具有这样的能力，也不会在大街上随便与人开始这样的工作。

总而言之，既非他控制，也非我控制，而是有一个"它"系统存在，由我们共同控制这段关系。 从这个角度来看，"它"包含了一些最具体、最有形的层面，也包含了一些最不具体、最无形、最抽象的层面。最大的那个"它"是什么呢？可能是超体。

主体与关系

现在我要稍微回来一点，谈一谈主体与关系的三种关系。

第一种比较经典也最接近我们的直觉：主体先于关系。首先是两个人，一个治疗师、一个病人，他们到了一起，逐渐建立关系。我们在督导的时候，一个高频问题是"他跟你是怎样建立关系的？""我觉得你们可能还没有建立关系""我觉得你们的关系还没有进入到一种分析的阶段"……这些是比较常用的术语，也是最容易理解的。

第二种是对前者的否定或者颠覆：先有关系，随后主体才被这个关系制造出来。实际上，是先有心理治疗这回事，哪怕它在不同的文化和不同的社会历史时期呈现的形态不一样，但正是这样一种隐性的关系在寻找着其自身的两端，它寻找一部分人，让他们承担起治疗者的角色，然后它再寻找另一部分人来承担病人的角色。这样一来，就像是一辆大巴车等在路边，路过的人中有司机（可能不止一个司机）有乘客，他们逐渐都被这辆大巴车给等上了车，然后车就开动了，乘客跟司机可以交流，在交流的基础上大家形成一个目的地或者一系列目的地，最终抵达那里。但是实际的情形是，我们人类漂浮在一个系统当中，我们根本就看不见这辆车，一辆无形的车要载我们去哪里？我们也不知道。就治疗关系而言，只是治疗师治好病人这么简单吗？我想在这个行当工作超过十年的人通常都不会这样想。**这个关系有些神秘的部分，有些超越性的部分，那是我们看不到的。**它似乎是在与有形之物的关系背后，在与有形之设置的关系背后，在与沙发、躺椅、垃圾篓、面巾纸、钟表的关系背后；在这些东西的更早期的形态，比如一簇火、一个法鼓或者一堆人跳神秘的舞蹈的背后，在其背后的背后，我们不知道那里是什么。所以我觉得，如果你真的要严肃地对待我们的这个职业，对于"它"的追寻是无法绕开的。

还有一种理解：关系跟主体同时产生——可以把它大略地称为"关系模态论"。这个主体并不是完全不存在，也不是在关系形成之后再由关系制造出来，而本就是关系的一种形态。马克思说，人是他一切社会关系的总和。所以没有抽象意义上的人，但是也不能说没有人，因为"他一切关系的总和"仍然是一个具体的东西。

我与它

大家请注意，这个时候我所使用的是"它"，而非他人的"他"。

我跟它的关系，事实上是我们最早的关系。研究精神分析的人会熟悉"部分客体""对客体的使用"这两个术语。婴儿一开始理解这个世界，并不是一个人的世界，而是物的世界，这个物可以被符号化为乳房——某一个东西能够满足我，使我免于疼痛与匮乏，我同世界的关系就是"**我使用这个世界的某些凸起物，来使我自身满意和存活**"。这被克莱因称为"部分客体"，被温尼科特称为"对客体的使用"。我们并不能假定所有人都一定能够逾越这个阶段，你仍然能够看到一些人跟他人的关系是"我与它"的关系，他人对他们而言跟一个扳手没有很大的、本质的差别，他可以使用它，他可以交换以获得它，他也可以抛弃它，甚至可以摧毁它（当然摧毁未必成功）。从一开始这样一个"我与它"的关系，到最后体验到对方也是人，这是一个巨变。当我把这个世界的凸显物视为"它"的时候，我自身其实也是非人化的。我们先认出他人，然后在他人的"眼睛"（此处是隐喻性的眼睛）里发现自己。所以，**我们发现一个"人的世界"是我们发现自己是一个人的前提**。从这个意义上来说，你也可以把"人-他人"视为某种工具。我们能够看到一些来访者，他们在尘世间奔走，只为在某一双或者某一系列眼睛中发现自己。**分析师承担的功能，一半是物化的，他作为一个"它"，另一半作为一个人；分析的很多时期，分析师都辩证地摇摆在这两个角色之间。**

　　从全人类的发展而言，我们现在对于这个世界的看法和感知，可以说是被充分物化的。人生活在天地之间，可是现在天地都成了某种"东西"，按照西方的说法，它是被去魅了的：现在我们知道，天上没有天堂，也没有玉皇大帝，它有一个星系又一个星系，可能是未来的诺亚方舟所在地，或者蕴藏着巨大的资源；地也并非具有一个生发万物的、神秘的、类似母亲子宫一样的器官，我们努力地往地下钻探，以便能够拿到那些好的东西（比如石油）来服务我们自己。**当人把整个世界都"它化"了的时候，人自身也就被物化了，他人也就被物化了。**尽管在物理意义上，如今人类的连接程度超过了既往的所有时期，但非常危险的是，人跟人连接变成了物与物的连接，这是前所未有的趋势。人化约为符号，人跟人之间的连接变成了符号对符号的连接，因为主体被"它"吞噬掉了。一种比较自信的观点是，以前人类对自然界的控制有限，我们经常被自然所吞噬；现在我们骑在自然头上，享用着自然的骨肉，好像我们的人性前所未有地张扬——其实不然，我们反倒深陷其中；不仅如此，人跟人之间的关系也被深刻地它化。我想马克思在这一点的观察是非常超前，也非常透彻的，他用的名词叫"异化"。

读到这里，你会不会以为我是一个消极的人呢？我对人类奠基在物质文明上的精神文明怀着一种消极的看法？一半对、一半不对，我本人是一个积极悲观主义者。如果我们，包括今天作为作者、讲者的我跟各位读者，只是被物所规定的话，就已经离开我的初衷了，我也没必要再这样写下去、讲下去。**声音发出去，其实也在茫茫人海当中等待着、寻求着回音。寻求着一种怎样的回音呢？寻求一种人与人的相遇。**这种相遇即使是在一个"物"的背景下，它也尽可能地超脱于物。人类的肉身承载了我们截至目前所体验到的所有经验，事实上是没有办法被忽略掉的，无论我们花多大力气论证人的主体性不仅仅是肉身性。就像风筝线被拴在一个人的手上，无论它飞多高，拴的这一点都限制了它，使它不能无限制地飞翔；但我们也都知道，正是牵着这一个点，才能够使风筝成功起飞。所以我在"我-你-它"的这种关系悖论当中，尽可能使人与人的关系、你和我的关系、我与你的关系成为可能，哪怕是瞬间的可能。

到今天，不管我们有怎样的体验，至少我们相信我们有过或者曾经接近于"你-我相遇时刻"的那种体验，可能没有马丁·布伯所论述的那般优美、那般持久，但是我们相信。我们为什么相信呢？因为我们曾经有过这种体验，一切的回忆都是再认。我想来访者在茫茫人海当中，其实也是在寻求着与另外一个人的相遇。这样讲，是不是意味着我在整个技术和设置上都努力调整成存在主义的那一套呢？存在主义的书我读过不少，关于存在主义治疗的书我也读过。相比较精神分析而言，存在主义治疗的特点，至少在设置上的特点，是它的设置通常非常"松"。我以前读詹姆斯·布根塔尔（James Bugental，这个人是亚隆的老师之一）的书时，某一段文字让我惊呆了：一位女性患者在哭的时候，布根塔尔邀请她坐到他腿上。我是从精神分析入门的，我并不赞成一开始就跟人坦诚相待。正是由于我们相信人与人的相遇是可能的，所以没有必要人为地去实现它。**既然你我的相遇被一系列的它、它物及它物的系统所束缚，那么也就意味着，即使我努力地跟你不束缚，你跟它仍然是束缚的，你跟别人仍然是束缚的，所以我们要努力学会与它的系统共处。**不能说臣服，但我们应该有适度的敬畏。

　　我刚刚已经讲过，它后面的那个它、再后边的那个它、再后面的那个它、再后边的那个它……在它序列的总的背后，似乎就是死亡。**死亡像一个巨型的存在，它吞噬掉了所有现象上的存在、个体生命的存在、肉身的存在，所以看起来它就具有最大的魔力，具有使任何东西去除其生命的能量。**我们非常难接受这一部分，因为生命的特性就在于永生性；如果一直要面对这样一种终极的死亡性，那永生还有什么意义？所以我们生活的方方面面，无论是个人的生活还是社会的生活，都在斗争着或者防御着这个最大的"它"、最沉默的"它"。在各种文化里，我们都能够看到对抗这个"它"的努力。我们尽可能地把他人化为它，一定是有用意的。我们把自身的形象投到对面那里去，希望它理解我们的语言，希望它理解我们的痛苦，希望它理解我们的诉求，希望它同我们对话，暗示我们一些什么——因为我们不熟悉与这个最沉默的"它"对话的方式。

我与症状之"它"

这对临床有着什么样的影响呢？临床中的病人似乎发展了一种属于个人的宗教。当他们面对来自它的彼岸所涌起的任何东西（这些东西未必呈现为症状，也可能呈现为一种前症状式的恐慌）的时候，他们感觉受到了威胁，当他们感觉受到威胁的时候，他们可能就会像某一种细菌那样，在条件不好的情况下把它的遗传物质封闭到一个芽孢的结构里，这个芽孢看起来就像死的一样，但在条件适宜的情况下，它将重新萌发增殖。我使用这个比喻来形容一个症状的形成过程。症状也是一种生命的形态，它和我们的生命一样，都在追求着永生性，具有同样的特质。所以症状之所以难以消除，就是因为我们自身在症状里储存了很多遗传物质。因为我们身上所有的遗传物质都来自父母，我们父母的遗传物质来自他们的父母，症状也是同理。有些时候，它呈现为症状，哪怕不呈现为症状的时候，它也潜伏在那里，它也维持着它自身的连续性。我们一开始觉得这个叫症状的东西是异己的，使我们痛苦，折磨着我们的主体，恰恰没有意识到我们亲手制造了它，并且把我们对生的希望，把我们的一部分主体性巧妙地藏到了其中。**当这个病永远不好的时候，你的一部分也就永远地存活了下来。**所以症状看起来是一个"它"，使人欲除之而后快，恰恰"它"

里边是"我"。这其实就是病瑜伽六句心要中的第二句,"以病观我病有我",一个症状的"它"有一个"我",一个加引号的"我"——**一个"它"里包含了你精心储藏的你的一部分心性信息和心性能量。**

我已经使用过"它者"这个词。大家可能会猜想,这个"它者"应该就是拉康派的那个"他者",那个 big other 吧?在某种程度上是这样的,这个词语一开始也是从那里来的。那个无比大的超越者,那个沉默的超越者,在拉康那里是"他者",或者被翻译成"彼者""大彼者";在比昂那里则更贴近于"O",这个"O"更多是在主体这一级,而"O"是我获得"超体"这样一个概念最重要也最直接的理论来源。

我是在对投射性认同的理解中深化对这个概念的理解的。投射性认同是理解移情关系的一个很重要的工具,如果把移情比作解剖学的话,那么投射性认同就像组织胚胎学一样,它告诉我们移情为什么是这样移的,其结构是有所发展的,为什么它这般发展……这其实属于先有主体、后有关系,主体先于关系的思维方式,这套思维方式对于西方而言是比较惯常,比较占统治地位的。我的理解逐渐发生变化:**并非真有一种东西在两个主体之间像打乒乓球一样被传递,而是两个人同时被一个"它"所攫取、所占据。**最常用的那个比方是两只蚂蚁在热锅上,并非蚂蚁 A 扔出了一部分热到 B 那里,而是它们同时在这个热锅上,在一个"它"上。所以从这个意义上来说,病人跟治疗师共同受苦,不是谁替谁受苦,或者谁使谁受苦,而是同时受苦的关系。这个苦就是我们努力地从"它"的系统当中挣扎,以便重新获得我们的我性——我们的主体性,于是我们就会感觉到苦,感觉到不自由,感觉到被湮灭、没有希望。所以,**投射性认同不再被理解为你和我的关系,而是它-你-我,它最优先。**就像七情六欲一样,当两个人同时处于某种情绪里的时候，这并非由于这两个人分泌出某些情绪，且这些情绪恰好一致了；而是由于在虚空当中，两个人共同达到了某个地方（这里当然不是指治疗室的物理空间），这种情绪就是最适宜、最适合这种情境的，哪怕它是一种负面的情绪，哪怕它是惊恐——当这个人到了这样一个地方的时候，惊恐就是一个最为适切的反应。

与"它"共处

弗洛伊德说："它在哪里，我也应在哪里。"这句话被不恰当地翻译为，"本我在哪里，自我就在哪里"，其实是"它"。我们努力使自己变大，以便能够接纳容受它的一切。是不是在这样的前提下，我们与另外一个人的真实互动才得以成为可能？真正的解决途径，并非你完美地自杀、我完美地自杀，我们达到了某种涅槃状态，避免了所有恐慌、所有忧虑，而是在那个点，我们的主体稳稳地接住了它，这使得我们的主体都扩张，这种扩张并非在于你或者我，而是我们（weness）。在这个时候，你、我和它就好像能够处于一种理论上的完美和谐的状态。这就像超体当中的一种影像，在这种影像里同时折射出了你和我。这是一种美，就像一颗钻石，尽管蕴藏着七色火光，非常夺目，但在极暗之处，它的潜能是没有办法发挥的。使用这个比喻并不完全恰当，因为钻石、光源、场所是三个不同的东西和地方；而在超体当中，它们是超体自身的部分。**某种可能性，在某一个因缘下被启发出来、显现出来了，这不是件很美的事情吗？**尽管这个美的源起是一个人感受到了痛苦。并非你治疗了他，或者你和他共同干掉了病，而是你们一起在"它"那里。

我想这里其实需要很大的勇气。由于今天的交通工具非常便捷，那些对于我们的祖先而言非常难以踏足的地方，那些无人之地，不管是南北极，还是珠穆朗玛峰，还是某些天坑、海洞，今天的人类都可以到达，好像这些物理上的"它"已经成为被征服者。而在我们心性这个漫长宽广的大陆，黑暗的大陆，或者遥远的星系里，是需要人与人联合起来才能够踏足的，恰恰要暂时使一个人不局限于自己的某种身份、某种具体的关系。所以，**精神分析式的心理治疗本身具有一种内在的超越性**。正因为这种超越性是本身具有的，所以我并不提倡"杀鸡取卵"。

　　这一讲，我并没有具体谈临床中这样的关系、那样的关系，我觉得这些不需要我去讲；我是在一个更深的层面上去谈所谓的治疗关系，且不限于治疗关系，这也是思考师生关系、亲子关系、伴侣关系的一个观察点——希望它是足够高的观察点，但我本人也并不确信。我在讲课、写作的过程当中，尽可能地使那些语言能够穿越我，以便发出声来。我跟各位一样，我也是这些声音的倾听者。

课堂问答

问：感觉"它力量"有时候会束缚我们与他人相遇，有些时候会担心敞开自己令自己受伤。想请教老师，与他人相遇到底会带来什么？相遇在治疗当中发挥了怎样的作用？

答：我想，与人的相遇就是一把双刃剑。与人的相遇也就意味着可能被他人的主体或者他人背后的那个"它"所吞噬，被他人背后的欲望、他人背后的情绪所吞噬，这是一个潜在的风险；但是如果不与他人连接，背后其实是无尽的孤独，而这个孤独本身就相当于一种死亡状态。所以每个人都尝试着在自己的最近发展区内运行。我并不主张大家现在要不顾一切出去与人相遇，而提倡均匀地、渐进性地、有次第地逐渐在茫茫人海当中与他人相遇，哪怕这个相遇一开始是碰撞性的。我留意到一些人尽管并没有孤独症的症状，可是在某一个层面，他处于一种自闭的状态，这种自闭非常巧妙深刻，以至于日久天长，他自己都不会意识到这一点。这样的人甚至可能也身处关系里，有婚姻关系、亲子关系，如此种种，但最终被限制了生命的宽度，被折损了生命的力量，没有充分地享受生命的可能性，在超体当中，没有生命可以舞蹈的那种景象。

相遇在治疗中会发生什么？我们相信，人与人的相遇是必要的、可能的，接下来我们等待它。可遇而不可求，可是当因缘俱足的时候，它可能就会浮现；但是浮现之后它可能也会过去，过去也就过去，那至少让我们明白，至少让我们知道，相遇是可能的，哪怕只是一瞬间，其实它也是永恒的。

问：你我都在追求"它"，可还是不清楚"它"到底是什么。

答：是这样子的。我在这里究竟有没有把"它"究竟是什么传递出去呢？我想没有。我回顾了一下，在讲"它"的时候，我通常都是词穷的。当讲出来之后，我并不觉得自己真的把它讲出去了，可能这就是它的特性吧：它在拒绝着，它在后退着，它在远处冷冷地看你，但它就不是你，它在引诱着你、引诱着我们。

问：怎么看中国人的人情世故、礼尚往来等各种复杂关系？

答：一种比较流行的回答是，"这些是传统的负担"。就像每年到春节的时候，我们就常听到这样的吐槽：世界上可怕但似乎又不濒危的物种就是七大姑八大姨，太讨厌这样的关系了，我宁愿出国一个人待着……这些是比较流行的，也是最解气的、符合80、90后民意的说法。但是我觉得事情没有这么简单，临床当中可以发现，祖先没那么容易忘记你，所以你也没那么容易就忘掉祖先，共同的祖先就形成了亲戚关系、各种复杂的关系，这样的安排里其实有很多深意，我们一时半会儿参不透这些深意，但是不要简单地以为你可以轻易切断它们。尽管我个人有时候也会对这种非常复杂的关系感到不适应，但我与一些外国人深入交往后发现，他们有些时候甚至会羡慕中国人这样的一种黏糊、乱糟糟的关系。我们有他们缺的东西，他们有我们缺的东西。

问："它"的无界限和超越性是咨询关系的最终目的地吗？

答：可以这样讲，我觉得**"它"应该是所有关系的最终目的地**。我们最终走出了自己狭隘的主体，迎接了更大的主体，这是由于我们有更大的心量容纳"它"的系统。但是不建议把这个东西放在我们日常所进行的具体的治疗里，"它"是一个很遥远的灯塔，但是我们目前还没有出港，所以那个灯塔暂时还不能够发挥作用，它最好是亮在你的心里，亮在我们各位的心里。

问：这一讲是不是没涉及二元、三元关系？

答：我尽管没有专门把二元跟三元关系拿出来讲，但是如果你仔细品味，我其实在讲：**二元关系是非常难以获得的，每个二元关系都被三元关系里的"它"所规范了。**纯粹的、赤裸裸的二元关系本身包含了两个人同时跟那个"它"所建立的，赤裸裸的、纯粹的、直接的关系。我们只要降生于此，就没有办法摆脱跟"它"的关系。如果说你跟"它"的关系是二元的话，那我们人类的总体，其实就跟"它"处于一种永恒的二元关系里。

问：在创伤治疗当中，纯语言是不是有一些局限性？怎么看待身体形式的这些疗法在创伤治疗当中的应用意义？

答：这个问题跟本讲有点关系，因为语言比较容易完成一种主体间性，但是身体的一些原始角色似乎更多地在"它"那里。我本人不反对身体治疗、身体形式的治疗，我也不会把身体治疗跟语言治疗对立起来，一定要强调谁比谁好。我认为**身、语、意三者都很重要，即使是纯粹的语言治疗、谈话治疗里未必就没有身体性的维度。**一些培训宣传为了抬高身体治疗、身体形式的治疗，往往要贬低一下谈话疗法，这是我所反对的。

第 14 讲

论人格：

人格的表演理论

在学校学过人格心理学的，会对本讲的副标题有点奇怪：表演理论是什么理论呢？表演理论是我刚刚创立的理论，还处于草创阶段，来自临床观察，来自对于哲学宗教文本的阅读。先分享给大家。

有一句话大家肯定比较熟悉，带着一种无奈的色彩："人生如戏，全靠演技。""人生如戏"不奇怪，古往今来很多人都感慨，人生就是一出戏，只不过没有彩排就直接上演了。人生是什么样子，要看你演成什么样子。整个世界就是一部大戏，一个个体的个人史其实也是一出戏，我们可以从戏的角度来理解一个人的历史乃至人类的历史。舞台上呈现一个伟大的历史人物，会包含登台、亮相、承担的角色、与其他角色的互动、故事情节中的矛盾冲突，矛盾冲突达到顶峰迎来戏剧的高潮，接下来是尾声、落幕——可以说历史也是这个样子的。对一个人呢，他生下来就是登台了，接下来很长一段时间的戏就是跟家庭成员打交道，他的戏一开始在他的家庭中上演。

正统的人格理论

研究人格心理学的人知道，要发表人格方面的文章，用得最多的就是人格的特质理论。他们把人格想象为一个类似于长方体的东西，它有长、宽、高，不同的长方体样子不一样，不同的人也不一样。对于这个长方体的数学描述，就可以等同于它，我们把长、宽、高量出来，其数值就等于这个长方体，如果要为这个长方体制作一个盒子或者布套，那只要获得数值，即使它不到场，我们一样可以很完美地做出来。所以，人格的特质理论假设人格是可测的，这个可测的维度理论上应该穷尽人格每一个维度——不能只量长方体的长和宽，没有量高，即使暂时测不出来，至少要假设高是存在的。这样，人格的属性都能数值化，我们就可以说这些数值等同于这个人了。当然，无论是直觉还是经验都告诉我们，特质理论的这个假设很难实现。即使我们把现成的人格问卷全都在一个人身上施测一下，拿到一份极厚的报告，你读了这一摞报告，能不能说你就知道这个人的人格了呢？我想可能还是隔了很多东西的。但是，这种"懒"办法必定能够带来大量可发表的成果，所以它属于人格心理学里最强势的理论。

其次是人格的动力理论。我们做精神分析行当的都知道它，因为人格动力理论的祖师爷就是弗洛伊德。他假设人格不是由完全可测的意识层面的对象所组成的，而是有些很深层次的动力，这些动力与动力之间相互作用，最后就形成了一个外显的人格。比方说一些人是口欲期型人格，有些人是肛欲型人格，这些理论被几代分析师发展，体系已经非常庞大了，甚至可以把马斯洛对需求属性的划分也算在大的动力取向里。这种人格分类系统是我们从事精神分析工作的人比较熟悉的；通常它也能够在人格心理学教材中占 1/3 的比重，很难忽略弗洛伊德及其后继者对于人格的深刻理解。

第三个理论跟表演理论已经比较接近了，即人格的叙事理论。一个人是什么呢？一个人就是他的故事。这个人既不是一堆特质的组合，也不是一堆看不见、摸不着的动力系统的外显，这个人就等同于对这个人的叙事。我想这是最为朴素的，最为历史悠久的，在日常生活中最靠得住的一个人格理论。就像你介绍别人去相亲，你给对方汇报了这个人的年龄、身高等"硬"数据之后，对方可能还想了解更多，那你通过讲述几个故事，让对方一下子就知道了：噢！是这样一个人呢！所以叙事理论，如果将它戏剧化，其实就等同于人格的表演理论。现在有一个词逐渐流行起来，就是"人设"，比如"某个明星人设崩塌了""某个偶像人设立住了"等等。这给我蛮大的启发，正如我面前的一个台灯，它并不是一个独立存在的实体，只不过我们给这一堆东西安了一个名字。那我们人，给自己安了一些什么东西呢？比方说我自己，我不在事业单位工作，也不属于任何学术团体，就是混迹于各种边缘，那我给自己的人设就是比较逍遥的人。天长日久，大家便会知道，张沛超就是这样一个人。其实，这就像我给自己写了一个剧本，对人物有这样的刻画，我每天出演的都是这样一个人设，已经很入戏了。

人格表演理论的思考来源

我们还是在精神分析的理论当中回顾一下，我从哪些地方能得到关于人格表演理论的思考。

我想一开始就是荣格的面具理论，这个面具是我们的原型之一。这里并非说的是某个具体的人，而是说这是我们人性的一部分。**我们人性的原型部分本身就有面具，所以它不是某种病理性的产物，而是属于其结构的一部分。**那为什么会发展出面具这个原型呢？我没有更深入地去研究这个问题。

温尼科特有一个理论，据说在思想渊源上是继承荣格面具理论的，我不知道他自己有没有承认，但荣格派比较乐于讲这一点。温尼科特有个好朋友叫米歇尔·福德汉姆（Michael Frodham），他有荣格派的背景，温尼科特可能从福德汉姆那里获得了荣格的一些想法。但温尼科特使用它的时候已经有一点病理化的趋势，称其 false self，翻译成汉语是"虚假自体"，听起来又虚又假，显然不是一个好东西，而英语原文 false 是"错误"的意思。如果婴儿的母亲对婴儿有某些需求，而不是全心全意回应孩子的需求的话，那么这个孩子就会发展出一部分用来迎合母亲对他的期待的自我。如果说最好的自体发展是全然的、自发的，那么发展出一个迎合性的结构就是错误的，与 true self 相对。婴儿被迫进入到一种表演当中，这个表演的观众是谁呢？观众是母亲，母亲可能在观察着孩子的一举一动，跟别人家的孩子相比——是否睡得太多或太少？吃得太多或太少？哭得太多或太少？……当母亲有这样的想法的时候，她就会有一些期待，就像去剧场看剧的观众会有期待一样。至于虚假自体是不是一定能够被根治，温尼科特没有特别理想化地指出这一点，但是我觉得他隐隐地表示有这一种趋势。

乔伊斯·麦克杜格尔（Joyce McDougall）是一位女性法国分析家，她有一个说法叫"私人剧场"（personal theater），她认为我们不应该在非常僵硬的内在客体关系的方面谈论一个人的无意识，因为那些看起来都失了生命的特质，我宁愿把这个人的内心世界视为一个私人的剧场，在这个剧场里的，不是一个无生命化的客体或者残破的客体，而是上演着属于他的一部私人的戏剧。这样的说法比较直接地接近于人格的表演理论。

谁在"演"、谁在"看"

接下来，我想分析一下几对（或者说几个）症候群，来看一看我是怎么思考这些现象的。

临床上能够见到特定恐怖症的一些亚型，比如有些是对眼恐惧，有些是对人恐惧，对眼恐惧可能会导致对人恐惧；对人恐惧可能是轻微的，也可能会有一些非常重的表现，重到什么情形？重到完全不能看人的眼睛。一些来访者的情况没有那么极端，但是当他们看咨询师的眼睛时会有躲闪，每当躲闪的时候，我都尝试问："你是担心当我们四目相对的时候，你的某些东西从你眼睛里跑出来呢？还是担心某些东西从我的眼睛里跑出来，跑到你的眼睛里面去呢？"通过这样的澄清你会发现，情况可能真的不一样。有些来访者担心我这儿有些东西会跑进去，有些则担心他的某一部分被看到。**对人的恐怖在于，这些人潜在地都是观察者。**那我们在临床中就会继续问："假设一个人看到了这一点，他可能会有怎样的感受，或者对于你有怎样的理解？"我们就会发现，他在内心设计出这样一个观察者之后，与此对应有自己的一整套"理论"——他将被看作一个怎样的人。所以，**哪怕并不存在一个真实的观众，但是他仍然能够置身于这样一种被观看的情境里。**

有一种形式的思维障碍叫"被洞悉感"，被洞悉感发展到很强的程度可能成为被害妄想。一个人总在担心自己被看，其表现形式可以是一种比较强迫性的，也可以是一种比较精神病性的——他感觉有一双眼睛总是在看着他，所以不得不隐藏自己的很多行为，甚至发展出妄想，认为有人跟踪他，有人在他家里安装了某些监控设备看着他。他们为什么会发展到相信自己像舞台当中的一个毫无争议的主角，被前台后台的所有人看呢？我们套一套公式，**就像梦是愿望的达成一样，病也是愿望的达成。**如果非常简单粗暴地理解成这个人本身就想被看，那带来的问题就是：他想要以怎样的方式被看呢？他想要呈现出一个怎样的人设呢？他想要被看成一个怎样的人呢？这样一条路问下去，我们发现每个人的演法都不一样，每个人的创作手法都不一样。

另外一对疾病是暴露狂与偷窥狂。它们的名字都很难听，但就动力而言，它们其实广泛地存在于各行各业、各色人等。就像干我们这行的，如果没有一点偷窥欲的话，那是干不下去的。我们愿意把自身置于一个暗中观察的位置，而且乐于同自己的督导交流我们观察到了什么。一个来访者来我们这里，其实就是来暴露他自己那些不便暴露的东西。有什么东西不便暴露呢？被我们身体所遮盖的部分，我们的性器官。所以你可以把来访者到我们这里来，视为他展示自己性器官的一种置换（displacement）。暴露狂和偷窥狂，其实在动力上是一个源头。当一个人在偷窥的时候，他其实处于"我在偷窥"这样一个非常独特的位点，在观看着一种非常独特的情境，在这个情境当中他是一个非常独特的个体，他本人乐于自己所进行的观看，他向自己出演了这样一出戏，所以他本人就在暴露当中。

从刚刚的这几类症候群（对眼恐惧、对人恐惧、被洞悉感、被害妄想、暴露狂、偷窥狂）中，我们会看到好像都有关于眼睛的问题、观察的问题、视角的问题，对应的都是表演。"表演"其实是非常基础性的病理学，不要只把它局限于表演型人格障碍。我们在临床上接见来访者的时候会发现，每个来访者的出场方式都非常不一样，非常奇妙，哪怕划分为几个大类，但不会有任何两个人的出场方式是相同的；他们如何显示自身，这并不完全是一个他们深思熟虑的问题，很多时候哪怕有所准备，他们的出场仍然跟自己想象的不一样。有时候他们上场之后，往这一坐，看着我说："咦？你是张沛超啊！"在这个时候，他就在观众的位置，而我在表演的位置了。

通过对这一系列现象的大概回顾，我想把这个问题推得更深一点：**究竟是谁在看？**（大家可能已经比较适应我这种对问题的终极式思考方式：通过几个点连成一个函数，然后把这个函数推到无穷的位置。我在这本书中用过好多次了。）难道真的是我们要去看吗？我们背后谁在等待着我们去看呢？这个问题马上就可以进一步被深化：**谁是最终的观看者？**我们看看窗外的万家灯火，到天亮的时候就会车水马龙。每天这么多人在进行着表演，这些都是要给谁看呢？如果你买一件时装，把非常漂亮的衣服穿起来，你会想：这件衣服将要给谁看？那个人看的时候怎么就会觉得这件衣服是某种好的东西呢？他也许会说这是某一个名牌，那么一个名牌是如何被称为名牌的呢？因为它占据了很多广告位，你能够在很多购物中心看到它。这些好衣服能与那些身材、气质非常好的模特联系起来，那模特穿衣服如何又是一种好呢？是谁来看呢？你会说"是大家要看啊"，可是那些做广告的人说"其实你们原来不是这样想的呀，我们宣传得多了，你们就觉得这个是好看的"。我们大家都在演给谁看呢？是模特、你本人、设计师？我们为什么要在生活中花费大量的能量去做这件事情呢？

在很久以前，我们的老祖先们只有在非常盛大的仪式上才会盛装，这样一种盛装是给谁看呢？当时很清楚，**这是要给天，或者祖先，或者图腾看的。**所以在那个时候，我们对于要演给谁看好像是比较明确的；而到现在这个社会，我们只是像别人一样努力去演，但是不知道谁要去看。即使我们作为观众，要去看一出歌剧，也正是由于我愿意去看，我买票，然后他们卖得出票，有了钱才能够请歌剧演员来——好像是"我"制造了"他们能来"这样一个缘起。可是，我是怎么要去看的？当我看完之后，拍照发到朋友圈，要让我的朋友看，以证明我曾经作为这部歌剧的观众。这样，本人又在一个表演的链条上，"演"跟"看"慢慢就不清晰了。我不知道究竟谁在"演"、谁在"看"，这变成了一个公案。

表演时代

当今这个时代可以说是一个几乎前所未有的表演的时代。在历史上，一开始只有祭司才有在国王和臣民面前表演神圣仪式的机会，现在，更多的人都有资格、有能力挤进历史当中，挤进历史这出大戏，这种机会比我们祖先的机会大得多。你如果看《史记》，你会发现，司马迁找了那么多材料，最终涉及的人物也只不过那么多。而现在，一个普通人的自媒体平台内容都可以做一本书，这本书甚至可以发行到朋友圈当中，一个人就可以有自己的列传。**大家通过演，都增加了自己"成为"历史的可能性。**

如果一个人从来没有被记住，我们就讲这个人没有演出，他没有在前台，没有留下任何演出的主体，也就没有办法留下有关他人格的一个叙事。但是如果反过来看历史，我们会发现一个比较惊人的事实——以今天的标准来看，病得越重、人格障碍越重，越能够在历史当中留下来，越能到大舞台的聚光灯那里去。所以非常有意思的是：**正是病加持了这个人，使这个人拥有了一种能演得出色的能力。**所以如果我们大胆往外推演的话，来访者们是不是也携带了同样的动力呢？如果他们没有病，每天穿西服、打领带、拎公文包上班，朝九晚五，他们如何是他们自己呢？在一个超级大的舞台上，在那些大戏码中，有无数人作为人肉布景，他们的名字未必出现在鸣谢里。如果人完全是正常的，没有角色，没有戏份，他怎么演得下去呢？而这个病能够使人凸显出自己的人格，我们作为看病的人，就成了潜在的观众。**我们相互制造了对方，我们互为观众和演员。**

那么，好多人都没有看病，为什么呢？当一个人知道自己有病的时候，他就会知道这是一个秘密，不应该被人知道。如何看护一个秘密呢？某个东西可能被放在一个地方，你每天都跑去看一眼，这个地方逐渐就跟其他地方都不一样了，其实也增加了别人发现这里有什么东西的可能性，此地无银三百两。所以当你每一次跑去看的时候，不可避免地就会想：但愿别人不要发现这里！但愿别人不要发现这里！

当我们说"不"的时候，我们就已经邀请了一个潜在的观众群体。一个人找，"我应该把东西放哪儿呢？放这里？"不行，头脑中的那些观众会说"这里很容易看到"，然后就要换一个地方。其实这个时候，他已经在演出了，他演给自己看，这件事情别人都看不到，但在他内在的剧场里，他已经一遍又一遍地看了，这个戏已经羽翼渐丰。**到什么时候他会来找我们呢？到他自己看不下去的时候，到他编不下去的时候。找我们来干吗？找我们就是让这个戏能够演下去，能够编下去。**

对于演艺人员有一个非常难听的贬称叫"戏子"，在漫长的古代，戏子的地位极低，**一个人成为被他人所看的客体，是一件极其羞耻的事情。**这一部分羞耻其实也平行于疾病；如果我有某种心理疾病，我有一个不可言说的秘密，这也是羞耻，这也是不应该被人所看到的，就别说拿自己的这个疾病去做些什么了。**在这里，"戏子"和患者具有一种平行的关系。**对于如何拒绝自己成为被别人看的对象，有非常多隐喻——"人在做，天在看"，即使人没有看，天也在看；骂人常用的话"不要脸"，竟然脸都不要了，已经不是人了……这些都具有非常强的侮辱性。

癔症与人格

在这里，我想重新谈一谈"癔症"，这其实是精神分析起家的地方。癔症是怎么回事呢？**癔症就是"请欲望我"。**"请欲望我"是怎么回事？那不就是一个首先要被看到的对象吗？如果不被看到，能对你做些什么呢？所以，癔症的症状就是夸张、奇特。如果不奇特，是没有人来看的，所以癔症的结构就是"请看我"，以便让我成为欲望的客体，"请看我并欲望我"。

动力学的解释力是非常强的，一些青少年能自己发明非常奇特的症状——一个人能够控制自己的体温，想发烧就能烧到 42℃，想退就退下来，很多医生都不知道怎么回事，只有奇特成这样，才会逼着看不下去的父母再找另外的人来看。所以在这里，不单是癔症型人格的问题，而甚至是一种颠覆：人格是怎么回事呢？**人格是癔症的症状**。

我想讲到这儿，大家已经能够理解，为什么我要提出人格的表演理论。整个人格就是癔症的一个症状，都是由于他人的存在，以及某些超越者的存在，比方说"天""上帝"之类的。进一步的问题是：这个欲望的起点和终点在哪里？演的欲望、看的欲望，它们不管是怎样的，起点跟终点在哪里？我想说它们的起点、终点、轨迹，全都在超体里，**超体里居然蕴含了一个人生的可能性，而这种可能性恰恰是由"演"和"看"的辩证的张力所形成的。超体自己在演，超体自己在看**。我们这些小角色没有意识到这一点，我们的人生不过是超体的一种游戏。如何玩好这个游戏，如何带领着我们内心剧组的所有成员演好人生这出戏呢？**只有完全显现了他们，使他们都显现，这样你的人生才是繁盛的**。如果你只是定位于某个角色，使你自己的人设如此，"我只演这个"，这其实限制了自己的人生。所以，如果只演病人，也限制了自己的人生，重点是以病为契机，把病后面的这些人物，不管他们是大还是小，都呈现出来。我想这就是我对于看病的一个形而上式的理解——既然我们的身份是病人或治疗师，那么如何演好他们，通过演好他们演好我们的人生。在这里，**"演"就不再具有任何被迫的或者贬低的意味，而一个生命本来的繁盛，就是需要你没有畏惧地去演，演出一切，使所有可能性都呈现**。

在最后，我想起清代袁枚写的一首诗《苔》：白日不到处，青春恰自来。苔花如米小，也学牡丹开。

课堂问答

问： 从今天的理论观点出发，自恋型人格的演和表演型人格的演有哪些不同？

答： 如果按照 DSM 的体系，通过阅读一些研究文献你就会知道：自恋型人格障碍和表演型人格障碍属于一组人格障碍；不光如此，它们的共病率也是很高的。也就是说，一个人自恋，他表演的可能性也大，一个人表演程度高，自恋的可能性也很大，所以我不认为它们有什么根本性的不同，可能处于一个连续谱上。如果说实在有什么不同的话，那可能是表演型人格障碍的表演更加夸张一点、明显一点，以至于他表演的部分看着比自恋的部分还大、还突出。

追问： 自恋型人格障碍中权力欲望更强烈，在人际关系当中有很多利用的部分，表演型就是挑，是不是这样区分呢？

答： 我猜你肯定观察到了很多这类现象，才有这样的区分，我大概也有类似的直觉。不过自恋本身是一个很复杂的现象，如果专门指自恋型人格障碍的话，那这种区分应该没有问题。事实上，自恋者有厚脸皮的，也有薄脸皮的，对于薄脸皮的自恋者，不能说他没有控制欲，但可能并不那么明显。

问： 怎么看待恐惧？如何超越？

答： 我不知道这个超越是指什么。超越，但愿你的意思不是放弃，不是去除它。恐惧是一种历史悠久的情绪，在任何戏剧当中，哪怕是喜剧当中，如果不加一点恐惧作为调料的话，就会没味道。所以不光是恐惧，我对于所有情绪的看法是一样的，它们就像七色光芒，都是白光的一部分，它们是平等的。如果你真正体认到这一点，那你自然就超越了。超越了什么呢？超越了人对于情绪的一种比较二元的看法：你的情绪、我的情绪，或者好情绪、坏情绪……

问：家庭系统排列和心理剧似乎有共性，家庭系统有超体吗？

答：不能说"有"或"没有"超体，在我这里它既是一切显现的基础，也是一切未显现的基础。千万不要把它想象成某种东西，就像你脖子那里挂了一块石头：你有我没有、我有你没有，贾宝玉有林黛玉没有，应该没有这回事儿。

问：我们需要完全投入地去表演，还是带着觉知去表演？我觉得完全投入就没有办法带上觉知，如果带上觉知就不能完全投入。

答：我不同意这样的观点，这说明觉知还非常微弱，还没有强大到能够融摄你所有的身、语、意，融摄一切行为的阶段。**如果你的觉知足够强大，它就不再跟任何东西对立了。**觉知的时候什么都能干，干什么的时候都能觉知，它没有对立的那一面，觉知就是你跟超体连接的方式。

问：表演的驱力，从根本上说是不是与繁衍生息有关？

答：我觉得你说得有道理，让我想起了多年前经常看的赵忠祥老师解说的《动物世界》。雄性动物通常一定要卖力地演出一番，不同动物的演出方式非常不一样。如果把表演算作驱力，我觉得这可能是一种比较深刻的驱力，现在我们又多了一重驱力。

问：携带某种家族遗传基因突变的人，剧本似乎生来就有点不同。如何看待把突变的基因传递下去，让这部分剧本继续传递的行为？

答：引用刚才的回答，可以把它视为某种驱力，驱力本身是推动别人的，而不是被推动的——它是推动者，而不是被推动者。

问："万事万物都在超体里"，怎么通过演来理解这一部分？

答：好好演、演好，这也是跟超体的连接方式。

问：有的精神分裂症病人长期不出门，不和他人交流，怎么看待这种现象？

答：有些精神分裂症就是这样的表现，但是不要以为他们不跟人交流，就没有交流，就完全在一个无交流的状态里，他可能有他的交流。他们的世界没准比我们所见的这个丰富得多，人家根本不屑于跟我们交流罢了。

第 15 讲

论孤独：

无人岛上有整个宇宙

这一讲之后，本书内容就剩下 1/4 了，而题目"论孤独"听起来跟分离也有点关系。

"孤独"跟好几个词有关系，有些时候被放在一起，因为当事人不太能说清楚自己究竟处于怎样的状态。不过我还是选择"孤独"作为本讲的主题和标题。"孤独"跟"孤单"有关系，孤单可能更多是一种外在的表现。如果一个人身边没有人陪，看起来一直都没有朋友，我们会说"这个人看起来蛮孤单的""他应该是个孤单的人"；而这个人是不是孤独呢？不一定。还有一个词叫"孤绝"，大家可以反复读一读这个词，体会一下"孤绝"是一种怎样的身心体验。还有"寂寞"，一些人会说"我看起来很孤单，但是我不寂寞"——寂寞看起来是一种内心的感受：孤单是外在没有客体，但寂寞可能是内在的客体也很空；如果一个人说自己不寂寞，那么可能他内在的客体世界是比较丰富的。通常"孤单""孤独"不被认为是好的词，但是古代帝王居然以"孤"和"寡人"自称，"孤"和"寡人"连起来都快成"孤寡老人"了，是不能这样称呼一般人的。在英语当中，loneliness应该也不是一个好的词，它容易跟 separation（分离）、solitude（孤独、隐居）这些词产生联想。

"孤独终老"

说起孤独，中国人倒还不算很孤独，我觉得这个词更能描述西方人的心态。前面讲过，**西方人的主体是偏向孤立主体的，**尽管不应该把这一点作为一个刻板印象，但是在大的范围内，做出这样的划分是没有问题的。我去以色列的时候，跟着督导师一起拜访了很多朋友，朋友们颇有一些是没了老公的老太太，她们不和孩子们住在一起，通常就住在乡间的一个院子或者房子里，她们需要照顾自己的一切，甚至要自己开车。这种情况在我们国家的人看起来简直是一点福气都没有，因为她们是有孩子的，孩子不见得生活条件不好。但我同这些老年人聊天，居然发现：她们觉得，如果某一天不得不依靠孩子，那她们宁愿去死（would rather die）。我觉得这其实也挺伤感的。我的督导师每年都来中国一趟，这对她而言是一次疗愈之旅，因为到今天她已经有很多中国的学生了，每次来都可以在这个大家庭里好好地热闹一下，再也不用忍受孤独了。因为她的老伴也已经去世了。

中国人普遍不耐孤独，就连我这样的人也不耐孤独，隔一段时间就一定要找人一起吃吃喝喝才可以。中国人特别讨厌、恐惧孤独终老，这不光是 80 后一代人的担心，我的 70 后来访者也有一些是这样的，一旦想到有可能孤独终老，就觉得每天都没有什么意思了。**不是衰老或者死亡本身，而是一个人走，那是一件非常可怕的事情。**

极端孤独与被动孤独

谈及孤独，有一类疾病直接就带有孤独的字眼：孤独症。孤独症其实是一个谱系，比较重的这一极叫"孤独症谱系障碍"，其中比较轻的就是已经被 DSM-5 取消的"阿斯伯格综合征"——它现在已经不算病了，据说很多科学家、大人物是得过这个病的，我也有来访者曾被确诊过。这是一类比较极端的情形，其机理逐渐不再用心理学来解释，而有用生物学来解释的趋势，因为有越来越多的相关脑区被发现，甚至有越来越多的相关基因被找到。我们大脑的颞叶有一个脑回叫梭状回，它是负责对面孔产生响应的。面孔可以是活生生的人脸，也可以是静止的相片，甚至是笑脸简笔画以及表情符号中的那些笑容——只要是人脸及其类似物，就会激活这个脑区，之后，我们的大脑可能就会把这个客体视为一个人来理解。那如果有一类人，他们的大脑梭状回对面孔不产生任何信号，你能想象这个人不自闭吗？这样一个人的内心世界（如果有的话）会是怎样的？这是一种非常极端的孤独。尽管患者在外形上看起来跟我们并没有什么区别，可是那种体验我们如何能够深入体会到呢？我真的希望有一天有药物可以治疗这一类疾病。

我们在临床上可以见到另外一类人，他有一种孤独的动力、孤独的体验。说"孤独的体验"还不确切，这种人中大多数在刚进入治疗的时候甚至没有孤独体验，无法体验到自己的孤独，只是觉得不对劲。失恋是比较常见的情形，比如在一段亲密关系里被抛弃——这种孤独是一种被动的孤独，因为这个人本身并不追求孤独，这种孤独的体验是不与他相容的，他不想这样，哪怕他没有意识到这种体验叫孤独。

这种孤独的原因有很多，一些人天生残疾而被别人歧视，他逐渐收到这样的信号，也就逐渐没有办法同这个世界勇敢地接触，就慢慢退回到自己的世界里了；一些人有跟别人非常不一样的地方，而这些不一样的地方是不被这个世界或者某个社区所容的，他意识到之后，就有可能从社会接触当中逐渐退缩；还有一些人的家庭里发生了非常大的事情，产生了一个难以言说的秘密，比如家族中有罪犯、有人自杀、有人患精神病等等，当这样的事情在社区传开之后，他也就被迫孤独了，因为这些经验没有办法、不太方便与他人讨论、分享，大家的反应都是回避；还有一种，是这个人有精神心理的某种障碍，比方说他强迫洗手，洗手如果以非常高频的形式表现，他也知道大家都会觉得这很奇怪，为了避免出现尴尬，这个人就逐渐退回自己的世界。

这一类被动孤独的前提是，这个人并非没有与世界建立关系的能力，不像我刚刚所说的那种非常极端的生物性的、神经性的孤独，**被动孤独是不得不退回到内在世界**，他们被秘密所束缚、被症状所束缚、被关系所束缚，所以被迫孤独。被动孤独的原因，可能是秘密，可能是创伤，引发了这样一系列把自己与这个世界分隔开来，使自己进入某一个无形监狱的行动。这就像一种细菌在条件不适宜的情况下会产生芽孢，其中包含了这个细菌所有的遗传物质，细菌的遗传物质是不多的，就是一条环形的链，它被折叠起来，包藏在里面。芽孢的壳跟一般的细胞壁一样非常致密，所以极端环境拿它没有办法。正因如此，芽孢看起来并不是一个生命体，没有生命的痕迹。因为如果它想要避免被杀掉，就需要停止代谢，抗生素是作用于代谢途径的，如果没有了一切代谢，那也就没有办法阻止它代谢，没有办法杀掉它。所以细菌形成一个芽孢，以无生命的方式存在，在条件适宜的时候再进行分裂。自闭的机制与之相同，**我们人类在条件非常恶劣、非常糟糕的时候，也有可能把自己最重要的东西关起来，把它保护好，不要被别人碰到。**所以在这种被动孤独当中，"我自己存在"的那种体验的水平是有可能升高的。因为这个时候没有任何外在的观察者，避免了被外界观察，自己就会一直盯着自己看，带来的后果就是看自己看得多，前所未有的多，这就是很孤独的，这个人就仿佛进入了一个我称之为"无人之境"（nobody's place, the place without others，无人之地、无人之境）的地方，他选择隐居于此——当然，并非说这个人的外在生活是隐居的状态，高功能者可以完全不被看出来。

无人之境

"无人之境"是我自己在临床中很经常使用的术语。即使在正常的发展过程当中，也不是一个人内在体验的所有部分都能够与他人分享、被他人所确证的。在很多时候，**创伤是能够带来无人之境的**，因为创伤并不是所有人都经历过的事件，即使所有人都经历过，创伤的类型、内容是不一样的。所以，创伤把连续性撕断，在断点里就没有他人了，这个体验没有办法被他人所回应。在那个情况下，内心就形成了一个无人之境。按我这样的说法，无人之境不止一个，它可以很多很多。来访者不一定知道这些无人之境的存在，或者不一定对此有直接的体验，他可能知道，但是他没有办法体验得到，因为**"无人"到了一定的极端情形，不光别人不去看，他自己也不会去看**。那个地方就彻底没有生命了，没有体验的痕迹，没有觉知的痕迹了。

我听很多来访者描述过他们的无人之境。很多人的说法类似于"一个人的宇宙"。不要以为这是一种修辞，作为一种修辞，它显得有点夸张，显得有点做作；这是某些人的真实体验，在这种真实体验面前，**任何的修饰、任何的修辞都无法让理解更加深入**——你可能多少知道一点，不见得理解，更不见得亲身体会。曾经有来访者是这样描述的：就像是在一个肥皂泡里面，这个肥皂泡看起来也在映照着外边世界的全部，外面的世界有什么，这个泡泡上就呈现出所有的像来，它也不会少一种色彩，可是这个泡内的世界跟泡外的世界就是隔开的；另外一位来访者的描述：像是有一张巨大无边的保鲜膜，你朝着哪个方向，这个保鲜膜就裹向哪个方向，它不是刚性的，是柔性的，它也是透明的，但是韧性极好，你永远也没有办法与人有任何真正的接触；还有一些人的描述是：觉得自己生活在一个由巨大的铜墙铁壁所包围的世界里，你能够听得到外面的声音，似乎还能进行某些交流，可是你永远也出不去。类似的体验数不胜数，我相信文学作品里肯定也有很多，因为作家是需要点孤独才能够写作的。

闭"黑关"

听了很多关于孤独体验的描述之后，我自己形成了一个概念叫作"黑关"。如果把你锁在一个非常漂亮的院子里闭关，这似乎还能接受。而"黑关"是没有光线的，大家现在可以想象一下，如果把你关在这里一昼夜，那你的生物钟可能会提醒你，"这个时候可能是晚上了，那我睡一会儿吧"，睡醒之后，"应该是白天了，那我起来做点什么"……假如第一个昼夜能够这样，两昼夜、三昼夜……我估计到第七个昼夜的时候，你已经分不出来什么时候是白天，什么时候是晚上了。这带来一种很大的恐慌：如果是在晚上，我们就知道自己的体验发生在梦里——做了一个梦而已，太阳出来之后什么都消失了。那**如果你不能区分白天和黑夜，你怎么知道是在梦里还是在现实呢？**在这个时候，是不是梦已经没有关系。所以这是人为制造了一个连续的梦，让你无法醒的梦。

梦的一个好处是：在梦中我们都是孤独的，做梦的时候，每个人去了自己的世界；当我们醒来，大家的世界似乎又插到同一个插排上去了。所以只要这样的"关"持续闭下去，你就进入了不会醒的梦，直到出关那一天。在梦中的好处是，我们的五官关闭了，所以梦中的内容更多是从自己的心里、身心里发出的。这个时候，梦中的东西都是你的。短时间的梦没有办法让我们充分地利用它，如果用黑关制造出你想要多长就有多长的梦，那就可以很好地利用它，为什么呢？因**为黑关里的体验都是自己。**

我引用"黑关"来论证什么？**当一个人被迫孤独之后，他其实相当于进入了一个黑关。**他不得不从这个社会中一定程度地脱离，症状牵引着他不得不关注自己的很多东西，损失掉一部分社会功能。如果你的整个身心，尤其你的心运行良好，你不会留意到心的存在，但是当你的心出了问题，你将被迫注意它，被迫看它，这样一来，你就被迫进入了某种心理的、心灵的、心性的黑关。这听起来当然不是一件多美好的事情，可是人的命运在多大程度上是自己决定的呢？在我看来没多少，但就是自己能决定的那一部分才无比珍贵。

如果我们被迫孤独，也可以在其中做点事情。一旦我们的态度发生了变化，我们的见地发生了变化，其实可以转黑关为"白关"。黑关里的所有呈现，是从自己的内在升起的，那也就意味着它最少地被外界，不管是他人还是物理环境所影响、所沾染，它的纯度是很高的，无论你是否喜欢它，它就是你的。所以如果说你的内在世界是一个光源，那么在这种情况下，光源的亮度超过你进关之前，我想这个道理就不难理解了。

我想举三个例子。弗洛伊德在自己的父亲去世之后，有段时间是相当不快的。不光是父亲去世了，在那个时候他自己的很多东西也在被剥夺或者压制，比如评不上教授，甚至被直接贬低、辱骂。他会逐渐感觉到一种隔绝（isolation）。**正是在这样的情况下，弗洛伊德开始系统地分析自己，尤其是分析自己的梦。**这是一件多么重要的事情呢？弗洛伊德在自己的著作里前后呈现过那么多对自身的分析，可以说他本人是他本人最重要的病人，也是他最困难的病人，因为在那个时候他没有督导，也没有人督导得了他。**这样一段相对孤独的时间，**

使他内在的光明显现出来，这个光明不光照耀了他本人，也照亮了很多人。弗洛伊德曾经说过："那神圣的光芒有生以来只照耀我一次，然而就是这一次也足够了。"《梦的解析》就是那束光。当他从这个"黑关"里出来之后，他的创造力就非常惊人了，变成了我们今天的"负担"——*The Standard Edition of the Complete Psychological Works of Sigmund Freud*。

另外一个人物，大家估计都已经能够猜到——荣格。荣格跟弗洛伊德决裂之后，他进入了一个可能在主观体验上比弗洛伊德更糟糕的阶段。在我们后人看来，他甚至有过精神病发作，如果你读《红书》（*The Red Book*），看里面那些插图的话，你可能不会太意外，他采用了很多方法度过这段"黑关"时光。他甚至把自己的雕刻才能运用了起来，给自己修了一个石头城堡，终日待在里面。他的光明也不只照亮了他，还照了很多后继者，也照亮了我们。

维克多·埃米尔·弗兰克尔（Viktor Emil Frankl）是集中营里的幸存者。在集中营里，尽管他跟很多同样命运的人被关在一起，看起来并非"黑"，但由于所有人面对的都是"黑"，所以情况其实也没好到哪儿去。正是这样的一种经历，让他产生了自己的体系。

以前这种情况叫"创造性疾病"，现在我们没有那么好的"福气"了，不是每个人都能够有这样的"福气"，患上这种创造性疾病。**现在的方法就是通过自身的个人分析，人为制造出一段孤独，人为制造出黑关，且频率持续提高，提高到每周五次。**你每天到这儿来，然后走，一来一回三个钟头什么也干不了，还不能有度假计划，因为明天你还得来，慢慢地，你的内心都被这件事情所占据。这个时候，你不能出去跟人一起玩，你也不能烧烤、不能聊天，甚至都没有心思，因为你内在的东西不断冒出来，你已经进入一种人为的孤独里了。但正是这样的孤独，如我刚刚所说，是一个"明黑实白"的关，就看你怎么运用它。

四转向心

我这样说并不意味着每个人都应该干这种事儿。在闭黑关之前是需要有准备工作的，这个准备工作叫"四转向心"的培育。如果你的四转向心不稳定，那么你会被孤独碾碎、压倒、吞噬，难以忍受——你无法使用它，相反，你会被它所占据。哪四转向心呢？**由未来转向过去，由外界转向自己，由行动转向好奇，由实体转向缘起**。被我督导的人，尤其督导有一定年头的人都会知道，这些不是说说而已，促使一个人忍耐孤独黑关的这些准备工作其实是需要很多手法的。当你完成这些过程之后，你就能够待在那样的孤独里，用你的整个身心去品味它、体验它、融摄它、与它同在，以此方式来转化它。这样你内心的光明也将如弗洛伊德、荣格、弗兰克尔等等那般，绽放出来。

完成"白关"的修行，哪怕只是有这样的一种体验，最终是为了什么呢？最终不是为了孤独。我不觉得孤独的用意在于永远孤独，百年孤独。最终这些光明，你用它来干什么呢？难道只用来看自己吗？我觉得还是要将光明带到外面的世界里去。不管是精神分析还是其他更高级的追寻，从一段孤独当中所得到的光明，最终都要把它用在外面的生活当中、关系当中，持续不断地带来更多的光和明。

哲学家（也是精神病学家）卡尔·西奥多·雅斯贝尔斯（Karl Theodor Jaspers）将公元前 800 年至公元前 200 年这段时期命名为

"轴心时代"❶。在那个时代，地球上好多个文明的板块中都诞生了一流的思想家，我们直到今天仍然用着那个时代的光芒。很多大人物都有过孤独的、看起来不得志的体验，就像老子干脆就自寻孤独去了。我把今天这个时代称为**"失心时代"**，没有心，所有人也都不谈心，精神医学界的目的在于干掉人的心——人的心都没有，就更不会有心病了；所有的不适体验都是一种病，它是某种神经递质失调的结果，所以应该用药物来对治；要告诉大家孤独不是好东西，如果你感觉孤独，你有可能是分裂样人格障碍或者恶劣心境，应该接受治疗……方方面面都在诱惑："人哪，你不要有你的心了，心是一种负担！"大家都在追求效率，心像是某种累赘一样。所以各位，如果你还能体验到孤独的话，我要恭喜你，你的心还在，摸一摸，它还在。好好珍惜你的心仍然能够体验到孤独的能力。与孤独为友，把它作为好朋友。

---

❶ 雅斯贝尔斯（1883~1969），德国存在主义哲学家、神学家、精神病学家。雅斯贝尔斯主要探讨内在自我的现象学描述，及自我分析、自我考察等问题。他强调每个人存在的独特和自由性。雅斯贝尔斯有一个很著名的命题——"轴心时代"，他在 1949 年出版的 *Vom Ursprung und Ziel der Geschichte*（《历史的起源与目标》）中说，公元前 800 年至公元前 200 年之间，尤其是公元前 600 年至前 300 年间，是人类文明的"轴心时代"。"轴心时代"发生的地区大概是在北纬 30 度，即北纬 25 度至 35 度之间。这段时期是人类精神文明的重大突破时期。在轴心时代里，各个文明都出现了伟大的精神导师——古希腊有苏格拉底、柏拉图、亚里士多德，以色列有犹太教的先知们，古印度有释迦牟尼，中国有孔子、老子……他们提出的思想原则塑造了不同的文化传统，也一直影响着人类的生活。而且更重要的是，虽然中国、印度、中东和希腊之间有千山万水的阻隔，但它们在轴心时代的文化却有很多相通的地方。

本脚注参考文献：

罗良伟. 文化轴心时代与古代游学之关系探微［J］. 旅游纵览（下半月），2013（07）：337-338.

课堂问答

问：**心还在的正常的成年人，如果十分怕黑，缺乏社会动力，或对人际关系没有兴趣，这些是否与孤独有根本的关联？其心理学的解释有哪些？**

答：按照我的公式，答案不在我这里，但我会有一些联想。心又在，又正常，那一个人怕黑，缺乏社会动力，对人际关系没有兴趣，是否一定是异常的呢？不见得。如果你内在没有冲突，外在童叟无欺、人畜无害，那你就是这样的人喽。怕黑就开灯；缺乏社会动力，缺乏就缺乏了；对人际关系没有兴趣也是件好事，省省力气。所以不见得一定需要解释。解释它为了什么呢？为了把它干掉吗？使自己变成另外一个人？我觉得未必。现在要有胆量抗住压力，跟别人不一样，孤独就孤独吧。

问：**请问怎么理解，人处于孤独当中所体验到的人与人的无分别感，以及由无分别感所引出的对于人类总体的悲悯？**

答：我觉得你的理解非常好，其实就是这样。我想到有一句话叫"不孤冷到极致，不堪与世谐和"。是什么意思呢？就是人必须孤独到极致，接下来他与这个世界才会真正亲热起来。我是在我的老师吴和鸣的书架上的《熊十力传论》中看到的这句话，旁边老吴的批注是"哭，想大哭！"我对此印象非常深刻。我没有问过他，为什么当时是这样想的。但是我觉得我理解他，我也希望大家能够理解这样一种情怀。

问： 据说心理咨询工作会让我们有孤独感，是因为太了解人性的本质吗？

答： 一般来说，我们这个行当比其他行当更容易理解人性的本质，因为你天天在看。我们就像人性观察师一样，天天干的都是这件事情，从早上到晚上，甚至连梦中都是，由此的确带来一种孤独感。我想这是正常的，建设性的。

问： 年轻人经常说无聊，是孤独还是空虚？其心理学机制是什么？

答： 我觉得没有办法提出一个普遍的机制。这不是推托，如果你干这一行干很久，你就会发现，同样一个表现在每个病人那里的机制可能非常不一样。我们可能干得越多越谦虚，也可能真的不知道这个人是怎么一回事。年轻人说无聊，有可能就是附和一下别人，因为如果谈无聊成为时尚，不谈就会有压力，我觉得这种情形可能还蛮多，不一定有什么更深的心理学机制。

问： 古代皇帝自称"孤""寡"，是一种高处不胜寒的表现吗？现实中的高处不胜寒确实是一种很深的孤独。以《天才在左，疯子在右》这本书为例，怎么看待这些所谓不正常的病人？

答： 对，我觉得皇帝自称"孤""寡"，的确是高处不胜寒。至于这本书，我真没看过，但所谓的"疯子"我天天都能见到。疯子不一定要疯得一看就是疯子，很多病人内心十分疯狂。怎么看这些所谓不正常的人呢？四转向心喽！由行动转向好奇，由实体转向缘起……他这样一定有他这样的原因，这样的原因没准他都不知道。所以如果他愿意，我愿意和他一起知道。

问： "走过黑暗，心才会热起来；走进现实，心容易凉下来"是这个时代修行困难的地方，您同意吗？

答： 我完全同意，说得很好，就是这样的。有位老师说过这样一句话：如果你觉得修行很轻松的话，你肯定修错了。

问： 之前比喻 80 后是大坝，要拦截创伤。怎么看待这种拦截过程中那种大坝尚不稳固的孤独？

答： 说是大坝，其实有点"抬举"80 后。大坝不是一两天修成的，可能每个单个的 80 后就是其中的一包沙、一包混凝土、一截钢筋，那么多人都在默默地做这个工作，但是大家可能没有意识到，原来我们总体上是一个大坝。现在我把这个意象提出来之后，大家不就不孤独啦？本来我们做的事情是一样的，你在大坝的这一点，我在大坝的那一点，我们做的事情就是这样。

第 16 讲

论男女：

铁娘子与永恒少年

性与性别是心理治疗的重要维度，也是人类的重要维度，我们只要调查一个人，首先就要确定他的性别。在临床中，我们也会听到有一些来访者的要求是只要男性咨询师或者只要女性咨询师，这很有意思，看来有很多的想象、要求被寄托在男性或者女性那里。本讲就这样的角度，展开一些联想和漫谈。

雌雄两性在非常原始的生命（比如真核生物中的酵母）那里已经有分化了。对，你没听错！发面用的酵母就可以分雄性和雌性了，所以，性别的分化是一件很久远的事情。而男性性和女性性负载的主要是一些生物学的东西，这是人类到最近一百多年才逐渐认识到的，在此之前，西方人是以旧约的说法为准的。

柏拉图有个非常有意思的比喻。为什么人分成两性呢？在此之前，人是一种更完美的存在，完美到什么程度呢？完美到他是雌雄同体的。为什么这是最完美的呢？因为男人再优秀，也没有女人所具有的功能；女人再优秀，也没有男人所具有的功能；那说明最优秀的男性和最优秀的女性，他们不能构成最优秀的人，最优秀的人应该具备两性的特征。但是在"掉"到这个世界之前，他们就分成了两半，这就使他们各自都是有缺的，这样的有缺使他们不得不再费尽千辛万苦地连接到一起。这个雌雄同体的说法很有趣，在精神分析中，弗洛伊德从弗里斯那里借用了这个说法，但事实上，在西方，这个说法有比较久远的思想源头。我觉得这个比喻尽管不符合科学事实但很有用，好多人寻找另一半，他们的主观经验是好像自己就变得完整了，自己的生活、生命都变得完整了，所谓"另一半"，因为一个人只是"一半"。

性别的决定机制

性别首先是一个生物学的问题，这在孕期做 B 超的时候就能够看出来，两性的生殖器官是不一样的。但现在比做 B 超更先进的检查胎儿性别的技术是查血，男婴母亲的血液中肯定有微量的、男性特有的 DNA，只要通过扩增技术就可以把它检验出来。从生物学上来看，与其说胎儿是无性别的状态，倒不如说他更像是雌性的状态或者女性的状态。**所有的男孩、女孩在一开始都更像女性**——他们的声音是尖细的，他们没有须发，甚至连外生殖器也很小。女孩只要沿着这样一条道路发展下去就可以——这是一种缺省形式（缺省是 default，也就是"默认"）的发展。但是对于男孩而言，问题就比较复杂：男孩的发展最离不开的是他 Y 染色体中一个被称为 SRY 的基因，SRY 基因编码了 TDF 蛋白，这个蛋白叫作睾丸决定因子。在母亲受孕后的几周，TDF 就开始表达，它推动一个生殖组织发展成睾丸，之后睾丸就会分泌雄激素，接下来雄激素将代替 TDF 的作用，雄激素会分布到全身，很多基因都是由于雄激素的作用才会表达的，这才推动整个胎儿和婴儿的身体朝男性的方向发展。这虽然是生物学上的性别决定途径，但是在心理学上，我觉得也可以作一番类比。成为一个男性是不容易的事情，因为男性和女性都是女性生出来的，这是迄今为止仍然正确的真理。成为一个男人需要启动另外一套机制，而且这套机制必须保证一棒接一棒，中间不能出问题；一旦出问题，他可能发展成两性畸形，有真两性畸形、假两性畸形，这些是我们在临床上都有可能听得到、看得到的。

在心理上，性别发展、性别意识的形成可以说有两个阶段：第一

个是俄狄浦斯期，第二个阶段则是青春期。在俄狄浦斯期，性别更多是以想象的方式存在，因为真实的性驱力并没有启动。到了青春期之后，由于性激素分泌峰的出现，就得到真实的驱力，他不光可以在想象中参与性，在实际的生活层面也可以有真实的性活动了。但是，如果俄狄浦斯期的发展有一些问题的话，那性别发展也会有问题，哪怕激素水平没有问题，最终仍然可能会形成一系列障碍。对于一个正常的男性而言，他在俄狄浦斯期有弑父娶母的冲动，这是最经典的、流传最广的一种俄狄浦斯形式，外行也都知道、能想明白，因为希腊神话里的情节就是如此。最终这个男孩需要放弃弑父娶母的想象，转而认同他的父亲，去寻找一个像母亲一样的人。这样他就克服了俄狄浦斯期的这些危机，他也能够认同自己为男性，并且形成对于父亲以及父亲所代表的男性性的认同。

对于女性，**弗洛伊德从来没有很好地解释女性的问题**，他甚至在晚年也发出感慨：女人究竟想要什么？这对我而言仍然是难解的谜。一个男性，他在身体层面上是男性，他就很难想象作为一个女性意味着什么。女性在俄狄浦斯期要同母亲竞争，想嫁给自己的父亲；最终的解决方式，就是使她放弃对母亲的竞争，转而认同母亲，形成女性认同，再寻找一个像父亲一样的男人。这是比较正常的、常规的俄狄浦斯形式，叫作正性俄狄浦斯情结（positive Oedipus complex）。

这些基本上是常识，但另外一种不完全属于常识，不是每个人都知道，叫作负性俄狄浦斯冲突（negative Oedipus complex）。在这种情况下，儿子不是要弑父娶母，由于心理的双性性，他希望与母亲竞争以便得到父亲——这更像一个女性的表现。为什么会是这样？因为**精神分析也设定了人类心理的双性性**。对于女性也是一样的，是对称的：这个时候，她不是要与母亲竞争，而是与父亲竞争以便获得母亲。这并不是病理性的过程，相反地，它存在于每一个正常人的发展轨迹里。最终一个人同时克服了正性俄狄浦斯情结和负性俄狄浦斯冲突，就形成了比较稳定的认同，这个稳定不是僵硬的。尽管在某些情况下，比方说少年的"三八线时期"，男生觉得最好离女生远一点，因为这会影响他们的雄性气质；女生非但不觉得男生可爱、有魅力，反而觉得他们是一群肮脏、粗鲁的人，也要与他们划清界限。**这个时候，他们通过向同伴认同，使自身的性别感得到稳定，而获得稳定之后，他们不会永远地待在这个阶段。**

东方性别观

以上讲的都是性别发展中的一些经典情形。但在东方，事情好像没有那么简单。据此，我跟霍大同老师进行过沟通。

首先是父亲的问题。在西方，父亲比较明确，而在东方有一系列父亲：除了血缘上的父亲之外，还有很多"父"，比如舅父、叔父、姑父、姨父、师父、义父、继父，如此种种。在某些母系社会，比方说摩梭人，舅舅承担了我们这个社会中父亲的角色。这带来一个很明白的问题：如果要弑父娶母，弑的是哪个父呢？这不是一个对象，而是一群人，那一群人你弑得过来吗？在这种情况下能不能发展出比较经典意义上的俄狄浦斯冲突呢？存疑！这势必也将影响整体中国人对于男性性跟女性性的不同体验。

第二个问题来自母亲这边。在中国传统中，慈母的意象占据比较重要的地位。这一半好一半坏，你可以说它是儒家文明对于女性的某种禁锢，说得更严重一点，像是一种剥夺；但不管怎样，它是历史事实，我们弘扬慈母。在这种情况下，慈母跟孝子之间具有非常"黏糊"的关系，有时候表现出来的情形比现代社会中恋人之间的亲密显得还要夸张、过分。尽管不娶母，但似乎一生不需要跟母亲分开。然而这个问题到了近代，尤其是近现代之后发生了倒转。

五四运动之后女性解放，不再裹脚，再后来被要求像男性一样劳动，顶起半边天。所以在这个时期，**铁娘子这个形象取代了慈母的意象**。我有一批 70 后来访者，他们的母亲就是在这个阶段生出了他们。由于需要投入非常多的生产劳动，所以母亲完全不能够按照发展心理学（不管是精神分析、科学心理学还是依恋理论）所建议的那样去照顾孩子，而那个时期的托儿所是一种非常恐怖的存在，这就使慈母这个意象被取代。再接下来，女性离开家庭进入职场，在工作中不输男性。结合当时的社会政策，在这几重打击下，我们历史中的这种慈母传统就中断了。

按照经典的俄狄浦斯情结，母亲必须是可爱的，男孩才会想去娶她——如果这个母亲根本就不存在，那如何娶她呢？如何被她所吸引呢？对于女性而言，她如何认同一个女性呢？母亲的男性气质可能是主要的，所以她从哪个地方认同女性性呢？这些问题就很复杂了。这些因素的存在，扰乱了一个非常清晰的俄狄浦斯三角，以至于**我们在临床工作中遭遇到更多的是俄狄浦斯前期的问题**——遇到这种情形的时候，基本上就可以做出判定：在团体督导中，一个人汇报案例，报了半天，大家都不知道来访者是男性还是女性；重点在于，对于是男性还是女性，大家并不觉得特别要紧，性别是模糊的。汇报案例的人讲着讲着就会说"这个孩子""这个男孩""这个女孩"……尽管案主可能三十多岁了，这种情况就暗示性别对他而言暂时还不重要。

东西方还有一点不同。如果在西方是儿子的挑战激活了父亲的阉割愿望，那么在东方可能相反，父亲首先想要干掉孩子（比如《二十四孝》中"郭巨埋儿"的故事），此种情况下的孩子才会有反应性。不要以为这只限于男性，在女性那里，母亲也可能想要干掉自己的女儿，这些动力在临床上都是看得见的。所以，我把这一类俄狄浦斯冲突称为**"反向俄狄浦斯冲突"**（counter-Oedipus complex），这个概念是我自己在临床上发展出来的，但我猜想没准也已经被其他人发现了。

所有这些因素混合起来，就会使得在俄狄浦斯期发展起来的男性和女性，其心理可能并没有发育完全。在大多数情形下，这些人也都能够度过青春期、结婚、生孩子，看起来就如同这个性别应该展现的那样。但也有一些人就会在性、性别上出现障碍或者问题，比方说性异常——一个男性觉得自己是女性，一个女性觉得自己是男性；他们不一定同时有异装癖或者性别认同障碍，不一定喜欢穿上另外一个性别的衣服，更不一定非要做手术以改变性别。性的问题是非常非常复杂的，即使所谓的正常人群体在性上的变异程度也非常大，用某个标签指涉一群人是非常粗略的，事实上它们群体内部的复杂程度和群体之间的差异程度一模一样。

临床所见的异常情况

我们不将性取向异常视为"障碍"，因为不一定是障碍。在临床上我们会遇到障碍，但这个障碍往往已经不只在于性别或者性取向，他们一样有情绪方面的问题、自尊方面的问题、人际关系的问题、亲密关系的问题。这些年已经很少见到有人要求改变自己的性身份、性取向了，但在老一辈那里还是能够见得到，且通常是家长把他们揪来的。

还有性行为障碍，对于男性而言可能存在阳痿、早泄，对女性而言可能就是体验不到性高潮或者性冷淡；或者尽管没有这些表现，但在与性相关的身体器官上会出现一系列的问题，比方说乳腺癌、乳腺增生、子宫和附件方面的疾病。我们有时候也会在漫长的精神分析考察当中发现一个女性对于自身女性身份的不认同，她甚至系统性地攻击自己的女性躯体，天长日久肯定会见效，效果就是这些性疾病。一些男性的性行为障碍，可能也是由于他本身对于自身男性身份的不认同。如果他的父亲是一个非常暴虐的人，对母亲有躯体虐待，那他可能会无意识地担心，如果自己成为一个男性，他将会变成这样一个给自己的母亲带来巨大伤害的人。性会被他体验为一种对女性的攻击，他没有办法攻击。这些也会带来一系列的问题，所以我们看到，"性"这回事很复杂，涉及生物学、心理学、深度心理学……

两性关系的本质

男性和女性缔结两性关系，它的本质是什么？**首先是生物性的连接——性的连接。**我们人类和其他生物不一样，人类没有发情期，只要条件允许，随时都可以做爱，性就变成了两性之间联系非常重要的、天然的纽带。**然后是依恋，**它可以说是母婴关系的一种再现。所以我们往往会看到在一些关系里，双方在其他方面的体验并不是那么好，但如果彼此都是对方可靠的依恋对象，这两个人也能够过得好，过得下去。因为在某种程度上来说，依恋对于个体的存活非常重要，而性在本质上是为繁衍、为下一代设计的，所以两者哪个是远水，哪个能解近渴，一目了然。**再者，两性在一起，他们可以有一种合一**

感。从性的方面到日常的关系方面，都能够体验到作为单个的人所不能够完成的东西，高潮的本质也是一种合一感。

种种合一感背后那个总的"大一"，在我看来都是超体，以某种方式与这个超体建立连接。这解释了一系列的病理学，乃至上瘾。为什么呢？在一些强迫性行为背后，人们努力地突破日常意识或者日常关于自我的觉知，而性或者其他形式的高峰体验、爽的体验，其实就是形成这种合一感的契机，这显示了我们天性里希望与超体连接的愿望——它通过一系列形式表现出来，这些形式可能非常"原始"——比如性，也可能非常"高级"——比如数学家思考某个定理，在他们看起来，这也爽得不得了。

区分男女两性意味着人本身的有限性，只要区分了性别就意味着单个的性别都是有限的。这种有限性促使人追求无限、追求超越。**分为两性提供了一种契机，使人与另外一类人发生连接，进而使我们完整。**

原型

下面我再简单从原型的层面来谈谈女人和男人。我要先谈女人，因为理解女人是一件非常要紧的事情，男人和女人都是女人生的，如果无法很好地理解女性，你也不可能理解男性。这个命题的逆命题并不一定成立。

女性、女人、女孩、女巫、女神……**女性很重要的一点，就是她的女性性跟母性性密不可分。**从进化心理学来看，男性在择偶的时候倾向于寻求具有母性性的女性性感特质，比方说三围数据。尽管对于男性而言，这似乎是一种纯粹的视觉体验，但它在进化上有非常重要的意义，某种比例的腰臀比非常有利于分娩，而大乳房提示了生产乳汁的可能性，这些是"硬件"方面的配置。在"软件"方面，她愿不愿意做母亲是重要的，因为在非常本能的层面，性背后有繁衍的动机、繁衍的愿望——作为单个的人能否认这一点，但是作为群体的人类是无法否认的。所以母性性非常重要，母性性几乎就是女性性最重要的组分，它也会在择偶的过程中被留意。这些计算都是非常底层的计算，但是对于男性而言，**正因为女性性跟母性性密不可分，他们所感知的女性容易产生分裂。**有一个情结叫"圣母娼女情结"，就是男性把女性体验为"非圣母则娼女"，纯粹的母性跟纯粹的肉欲的性好像被分裂开来了，尽管它们本身是结合在一起的；而这体现在生活当中，可能是他们对自己的配偶非常好，但是他不享受性的快乐，快乐一定要在性工作者那里才能实现。这样一个情结很有用，在做婚姻家庭治疗的时候，可能会从中获得一些启发。

对于女性有个非常重要的原型叫"大母神原型"，大母神原型象征着某种原母级的存在。在这里，女性具有一种创生性，不是一般的创生性，既然她能生孩子，她也能生出一切，也能生出巨大的破坏性，既然她能够使阳具进入，她也能够使整个世界进入。**"一体两面"的特质就体现在这里，她具有无比的能量，她能够产生新的事物，但是她也具有巨大的破坏性。**

对于男性而言（这一部分对于女性而言也一样），原型就是永恒少年——彼得·潘综合征，希望永远保持在男孩的状态，因为只有如此固着才能够避免衰老。《西游记》中取经的四个男性，可以说是一种更好的原型式的存在，非常夸张地把男性的各个属性、各个面向表现了出来。

男性的一个非常重要的原型是"英雄"，各种神话都会讲英雄是怎么形成的、英雄是怎么诞生的、英雄是如何成为英雄的，可以说这是很多男性生命里非常重要的一条线，不管这个人是不是很卑微。即使你自己并没有一定要做一个英雄，但是，你可能会从英雄的故事中获得激励。就像美国大片里的各种超人一样，影片里的美国人每年要拯救全人类、拯救地球、拯救世界几十次，单个人拯救完之后，他们再组团拯救。天长日久，我们也都受到了影响——要做超人、要做英雄。在没有受这部分影响之前，"侠""大侠"可能作为英雄的原型在指引着我们，当然，大侠也有很多种。

英雄的形成往往受到智慧老人的指引，智慧老人当然不只有这么一项工作。常见的情节是英雄全家被灭门，英雄坠下悬崖，仇家以为已经斩草除根了，然而并没有，一位得道高人、一名老者发现了他，传授他武功……通常而言英雄是要被启发的，被这样一个年长男性启发才成为英雄。

把男性跟女性放在一起，那就要注意阿尼玛和阿尼姆斯——男人心中的那个女性，女人心中的那个男性。正是这一对原型的存在，才使男性跟女性的连接成为可能；这其实也指涉着一种比较完美的两性关系：你的阿尼玛跟他的阿尼姆斯也在相爱着，你们外在的男性面具和女性面具也在相爱着，你的女性性和他的女性性是好姐妹，你的男性性和他的男性性是好哥们——这样的话真有点儿一个完整的人被分开后重合的隔断感。

最后我想谈一谈男女平等这件事情。我为什么把它放到最后，是因为我觉得男女平等不是一句话说得清楚的，男中有女，女中有男，当你说男女平等的时候，它究竟是怎么一回事？我并不否认有男尊女卑这样一种势力的存在，很多来访者都是这个价值观的受害者。不要以为只有女性是受害者，男性也是受害者。考察这个制度的起源，我觉得是一件很费力的事情，但是至少要留意到：男人不能够离开女人，女人不能够离开男人。

本讲所说的种种都不断地提醒着我们从性别的维度对临床现象进行反思。但是，性别不是简简单单的生物学现象，我更愿意说这是阴阳两种能量的一种沟通。

课堂问答

问：似乎男性性是积极的、攻击性的、严肃的，女性性是被动的、温柔的、慈爱的，这种划分是生物性决定的吗？是大脑的性别二态性决定的吗？还是文化决定的？

答：借用弗洛伊德的话说是"多重决定"的。因为什么呢？你所提到的大脑的性别二态性是有道理的，的确，不管是在大脑的发育阶段，还是发育之后的阶段，性激素对于大脑其实都有广泛的影响。雄激素在一个已经建成的大脑里的浓度，的确与攻击性有关联。但是，性别观念也不可能完全不受文化塑造，在中国，"君子"这个形象似乎对于克制攻击性有比较高的要求；而在西方，尤其在美国文化中，攻击性一定要弘扬出来。所以只能说，生物、心理、社会、文化的方方面面都在影响着性与性别，而且它们也是随着历史、经济变迁而不断发生变化的。

问：都说这是个"看脸"的时代，男女之间相互吸引的本质是什么？

答：每个时代都是"看脸"的时代，这没有问题。只不过今天由于个体从家族当中解脱出来了，所以"看脸"的部分就可以表现得更明显，这是第一；第二，今天传媒非常发达，流行文化在不断塑造着什么是美人、什么是帅哥、什么是美女的观念，我们大家都会受影响，会觉得某一种长相与更好的东西（如贵族身份）相连接，这是文化方面的影响。生物方面的影响，比方说面孔的对称性可能就显示了基因方面的问题比较少，是基因比较健康的一个外在指示，且这本身就会带来一种美感。所以"看脸"可能从来都是这样。

问： 性别上引起的问题有哪些呢？

答： 性身份、性取向、性行为三大类，这三大类都有非常多的情形。不认同自己的性别仅仅是其中个别。

问： 似乎现在的性别特征越来越模糊，"女汉子""花美男"从趋势上来看会走到哪里？

答： 通常而言，环境比较恶劣的时候格外需要男性像男性、女性像女性。男性做的工作是捕猎、杀戮、保卫的时候，他根本顾不上做"花美男"；女性要不断地生产孩子、带孩子的时候，估计也顾不上做"女汉子"。现在对于性别的刻板要求变得松散，其实是由于社会物质财富积累比较充足所致，所以对于男性跟女性的要求不再是比较严苛的了。从趋势上来说，如果这个社会在持续地积累物质财富，我想对于性别的非常极端化的划分趋势会逐渐弱化，会越来越中性化。这个中性化可以是健康的，也可以是不健康的。**健康就是内在的男性性跟女性性都发展了出来，而且之间的关系是协调的，反之就是不健康的。**

问： 如何看待重男轻女文化中的"女汉子"现象？"女汉子"的救赎在哪里？

答： 我觉得你问了一个非常好的问题！"女汉子"是来访者群体

当中不可忽视的一类，她们面对自己的性别时其实也是很困惑的，比她们所意识到的那部分困惑还多。我想在哪里救赎不应该由男性说了算，她们内心那种觉知的逐渐增强究竟指引着她们去哪个方向，我想这不应该由我们先行决定。最终，人人活出他自己，我们不是男性主义，也不是女性主义，而是人本主义。

第 17 讲

论家庭：

为了回家的出家

"家"是一个非常平易近人的话题，我相信干不干这行的人，对于这样的一个名词都有感受、有话讲；但是副标题"为了回家的出家"可能就有点拗口了。我们前面讲过二元及三元关系，家庭关系是一个很重要的关系，家庭之上还有家族关系，死去的家庭成员作为祖先，也和我们形成关系。我现在如果有什么事情需要祈祷，是这样开头的："诸佛菩萨、各路神仙、古今圣贤、列祖列宗。"——办事之前先"拉关系"，列祖列宗都是自己的家人，尽管排在最后，但是最亲近的。

"成家"与"齐家"

　　"家"对中国人格外有分量。很多节日都与家庭有关：中秋节、春节、元宵节要团聚，而清明节、中元节则隐含着与逝去家人"团聚"的意义，这些都是基于家形成的节日。在日常生活当中，家有很大的分量、占很大的比重，**是我们思考一个人很重要的参考维度**，比如有关出身的问题：他家庭背景怎样？家庭情况怎样？……我在武汉大学毕业后去拜访亲戚，这位老人就问了我三个问题：组织问题解决了没有？单位问题解决了没有？个人问题解决了没有？三个都是中国特色的问法，而且是特殊时期的问法。什么叫组织问题？组织问题就是你入党了没有。单位问题不仅仅是你找到工作了没有，因为那时找一个私企的工作或者自己做个体户都意味着没有解决单位问题。最后，什么叫个人问题呢？哪些问题不是个人的?! 个人问题就是你的恋爱——为了成家的恋爱。直到现在，我也是没组织、没单位的人，但是还好个人问题已经解决了。

　　在很多语境下，只结婚不叫作成家——还没有形成一个完整的家。不光我们这样想，我去以色列旅游时发现犹太人也是这样想的。如果你生了孩子，他会告诉你"Now you become a family"（这样的话你们就成一个家了）。[所以在亚洲大陆的两边，靠东海的地方（中国）和靠地中海的地方（以色列），生育观念和家庭观念都比较重。]因此，**家庭问题是一个"哪里逃"的问题**。从哪个家来？朝哪个家去？这是很"难逃"的问题。也许，就是从跟原生家庭关系不再密切（尤其是自己能挣钱，那就不用密切了）到自己成家之间的那些年里，我们是一个舒服且相对自由的人，剩下的时间都需要跟家有关系。

家庭的"庭"跟朝廷的"廷"发音相同，字形相近，家庭和朝廷都是非常有权威和影响力的地方，一个家就是一个小朝廷。按儒家的传统，人的一辈子应该怎样度过呢？方针来自《大学》："格物、致知、诚意、正心、修身、齐家、治国、平天下。"言简意赅。人最终并不是要到天堂那里去，也不是要脱离轮回，圆满的境界是"平天下"。当然，详细解读这句话是不容易的，比如修身的"修"当然不是做锻炼修身或穿一件修身衣服的"修"，也不是修理的"修"；而对"格物、致知"的"格""致"、诚意的"诚"、正心的"正"，还有"齐家"的理解也是需要花一番苦功的，此处不展开。

但是我们能够看到，**"齐家"把人生应该走的路分成了两个阶段**，前边的准备工作都是为了"齐家"。那么"齐家"是什么的准备工作呢？**"齐家"是"治国、平天下"的准备工作，所以它处在一个枢纽位置**。在过去的那些年，这些话都是算数的，而且算数的程度对于今天的人来说甚至不可思议。古代一个人不成家并非没有出路，做一个隐士没有问题，做一个侠客也可以不成家（但他可能有很多女朋友），又或是出家做僧人或者全真派的道士，都是"出家"的，也就是跟家里没有关系了。剩下的人，从皇上到平民，都在"家里"，皇上也得把自己的家料理好，哪怕只是表面上料理好，以便给老百姓做一个榜样。在中国，家跟国是同构的，所谓"家国天下""国家"，对于家庭的某种想象也会被投射到国的层面上，这是一个比较连贯的传统。在中国之外的社会，这种传统并非没有，但不显著。

原生家庭

在中国，任何一种伦理学都需要处理与家有关的问题。不管是个人无意识还是集体无意识层面，"家"都是一个重要的情绪节点，跟非常多的东西发生着连接。如果把所有与情绪相关的概念做一个 3D 网截图，就会发现在"家"这里，密度是非常大的。以语音层面为例，在家乡、家园、家族、家长之外，生物学家、物理学家、心理学家也都是"家"，还有道家、墨家、儒家……

所以对一个人而言，"无家可归"实在是一件要么无比自由爽快，要么无比悲惨的事情——毕竟绝大多数人都有家。但是话又说回来，今天的家跟古人的家，甚至三十年前、五十年前的家一样吗？不一样！在今天，也许只是几个月不回家，故乡就变了样，没有一个故乡在原地等你。

尽管是这样，现在有一个词变得非常热，甚至演变成一个解释力极强的理论——"原生家庭"。尽管已经有不少反思乃至批评这个概念的声音，但不管怎样，"原生家庭"这个词进入了日常用语词库，一些完全不懂心理学的人也把它拿来就用。有时在公园相亲角都会看到择偶要求为"原生家庭好"。什么叫"原生家庭好"？可能稀里糊涂地就被写进去了。总而言之，原生家庭好，是件好事。

而在大众心理学里，原生家庭已经成为一个重要的病理学解释概念，随着武志红老师的书《为何家会伤人》广泛传播，大家开始关注原生家庭的影响，网上对这个话题更是讨论得火热。大家在讨论什么呢？基本都是控诉。控诉的内容是什么呢？一言以蔽之：家丑。

家丑与病症

"家丑"能涵盖的范围实在是太广了，但是将它放在精神分析的理解框架里，无外乎性和攻击两个部分。老话说，"家丑不可外扬"，我没有考证过这句话在典籍方面的依据，以及在历朝历代，有关什么叫家丑、什么叫外扬家丑的观念，以及对外扬家丑的看法、对外扬家丑的惩罚有怎样的变迁，但是一提到家丑，大家就自动补上"不可外扬"。而精神分析是干什么的呢？**精神分析主要是揭家丑的**，至少在这一点上，它与我们的传统文化形成了非常强烈的对抗。如果你不说家丑，在精神分析里就叫"阻抗"。阻抗不是个好东西，花了钱又阻抗，听起来很矛盾。其实这是文化层面的阻抗。家庭是一块遮羞布，家庭安排其成员将一些好的方面呈现在外头，坏的东西则自己分担。这种惯性大到怎样的程度呢？你能够看到相当一部分的来访者，来的时候是有一套说辞的，"唉，其实爸爸也挺好，就是蛮沉默寡言的""妈妈也挺好，非常关心我""童年也很好"，如此种种。这些时候都不需要面质——他也没有骗你，在相当长的时间内，他可能真的就是这样觉得的。之后，你慢慢就会听出来，他要隐晦地告诉你一些家丑了。这样的事情弗洛伊德也遭遇过。弗洛伊德那时如何得出性创伤的致病理论呢？他至少在某一阶段相信，来访者遭受家庭成员的性猥亵、性虐待的经历是真的。但是到后来，不知道是由于临床上的发现，还是由于道德舆论的压力，他就收回了这样的一个观察结论，并且说这可能更多存在于幻想层面。其实如果你真的在临床一线工作，你就会同意，弗洛伊德所见过的这种现象直到今天仍然很普遍。

家是很有意思的，家本身的连接就是由于性而连接的，因为繁衍肯定离不开性交。但在家庭内部，又需要保持性的禁忌。如果不保持，就会发生乱伦——至少在生物学上它不是一件好事。跟父母发生关系在生物学上叫回交，回交被广泛地应用在动植物的育种当中。兄妹、姐弟之间发生关系叫近交，在中国古代并不禁止表兄妹的近交，因为那个年代的人们对遗传学可能还没有很多的了解。所以性在家庭中是一个很微妙的议题。**一方面，它是家庭的连接者，无可置疑的连接者。另一方面，需要设置性的界限。**这是一个矛盾的、两难的议题。

家里的另外一个问题，就是攻击性——家庭暴力，躯体虐待。在电影《神秘巨星》里，我们能看到印度社会里的一些不光明面。他们也奉行"打是亲骂是爱"，家庭成员的亲、爱，是通过打骂来完成的。丈夫打妻子，父母打孩子，而且妻子打丈夫的情况有，孩子打父母的状况也有——这些都成为丑，因为至少在现在，打骂是一件不光彩的事情。所以揭丑实在是有料可揭，这带来一种新的现象，揭家丑成为一种新家丑。比如，某家的孩子在看心理医生，这显示出父母很糟糕、很无能、不知道该怎么办了——这成了一种新家丑，去看病最好也别让外人知道。古话说得好，"清官难断家务事"，实在是说不清楚，因为**爱的部分和性的部分，攻击的部分跟管教的部分，有时就是纠结在一起**。这可能是一种"相杀"的关系、欠债还债的关系，所以又有一个词叫"冤家路窄"，也是"家"。

家丑到了一定程度，很可能就会形成一种家族秘密。家族秘密深藏在一个家族无意识的深处。无意识有个人的无意识、集体的无意识、社会的无意识、文化的无意识，在一个家庭、一个家族当中，也有属于这个家庭和家族的无意识，我想这一点不难理解。**家族存在秘密，也会针对这个秘密形成防御的过程。**那有什么防御机制呢？分裂、否认、投射、投射性认同……家族也可能会采用这些方式。类似于人格，一个家就像是有一个家格的整体一样。就像一个坟墓总有守墓人，**守墓人最有可能成为掘墓人，因为他知道财宝埋在哪里。**家的秘密总有一个守护者，家庭将这个角色指派给看守秘密的人——其实他什么都知道，所以他最有可能成为那个揭露家族秘密的人。通常这是由于一个人承载家族秘密，承受了很大的压力。这就像你囚禁了一系列众生在你的心里，那这些众生就会折磨你，折磨的形式可能就是形成症状。家族中被选中的那个人形成症状的方式是非常具有创造性的，家族秘密到了守不住的时候，他会采用一种非常醒目的方式告诉这个家族：自己受不了了，不能继续进行下去。但是，呈现的形式却不是向外人告密的形式，而只是一些看起来教科书式的症状，比如强迫、恐怖，或者是小孩儿没法上学——这是一个好借口。如果你从事心理咨询与治疗，请好好反思一下，一个家庭、家族的人是怎么想出这么高端的招儿，来迫使这个家庭成员送他来找外人说家族秘密的。

psychoanalyst 有两种译法，一种是"精神分析师"，一种是拉康派喜欢用的"精神分析家"。来访者、病人离了那个家，要来找 psychoanalyst 这个"家"——不管他有多么专业，首先他是一个外人。他是如何把一个外人慢慢视为自己人的呢？这是一个非常有意思的动态过程。如果他完全是自己人，话没法讲；如果他完全是外人，话仍然没法讲；**只有在一个自己人与外人之间的过渡性空间里，这个话就能讲。**如果纯粹是外人，比如一个外星人来了，能和他说什么？如果完全是自己人，比如亲妈就是心理医生，也没法跟她说。所以这个空间、这个位置就很有意思。

"出家"后再"回家"

在精神病中能够看到一种比较极端的情形，我们把它称为**"非血统妄想"**，即一个人坚信自己的父母不是亲生父母，而自己的亲生父母另有他人，通常这个"他人"是不一般的人。我在住院病房曾见过一个女病人，坚称自己是韩国高句丽贵族的后代，她只看韩剧，只用韩国化妆品，而且韩语学得很好，这是比较极端的情形，其信念的坚定达到了一种没法现实检验的程度。而一种弱化的形式保存在一个神经症患者的心里，弗洛伊德把它称为"family romance"（家庭罗曼史），它会美化自己的家庭，幻想自己的父母曾经是怎样的。比方说，两个小孩在一起比大，一个小孩说，我爸在美国，另外一个小孩说，那算什么，我表姐还在长沙呢！我们倾向于认为，我们的家庭、家族，比实际更厉害一些。这些想象就有可能支撑着一个人去寻求外人做心理治疗。这个外人可能在心里被摆在了一个真正的"爹妈"的位置，是一个加引号的"干爹"或"干妈"。所以在移情的可能性下，被移情成父母是非常自然的事情，跟咨询师本人的年龄关系不大，跟其本人的性别都不一定有关。咨询师可能在一天的六个治疗里，当了爹，当了妈，当了爷爷，当了奶奶，当了表姐……这反映了一种怎样的趋势呢？反映了一个出家的趋势。出哪个家？出了原来那个家，"那个家给我很多坏的感受，所以那不是我的家，我要在外界寻找我真正的家"，所以你不知不觉间被他算作了真正的家人。这是很自然的事情，它可以被精神分析式地用移情现象来做系统式的理解。有关于在外头再找一个更好的妈妈的幻想，甚至寄托到了一种来自贵州的食品"老干妈"那里，她做的辣椒酱可能比亲妈做的好吃多了。长期居住在外国的人未必要带亲妈做的东西，但常常要带上"老干妈"。所以人在外部世界里寻找想象中的爹妈，这是很正常的现象。

总体而言，理想情况下，精神分析完成一个"出家"之后再"回家"的过程。**出家是逐渐从原来那个家庭中获得独立与分化。**原来没有完成的独立、没有完成的分化在这里再完成。为什么在这里可以完成呢？因为**在这里他有理想化投射和去理想化回收投射的阶段。**正常情况下，早晚他也会对分析师不满。不满的程度，与跟原来对父母的不满程度相比，甚至更甚，因为在这里可以充分表达，所以，不满也就更加淋漓尽致一点。可能正是由于这样一个过程，他才能够从这个临时的家中再次出来——出了一次再出一次，"负负得正"，这个时候他才可能重新回家。当然他也不一定需要回家，但至少在内心，他视自己为一个有家的人。有家的人意味着很多东西，正所谓安身立命。

谈到这里，我们大概谈谈家庭治疗。我没正经学过家庭治疗，但是我干过，虽然不是特别多，但是有点儿经验。之所以不常接家庭治疗，是因为它通常比较热闹。精神分析比较简单，因为祖师爷只有一个，即使学荣格的人，也要学一点弗洛伊德作为参照。但是家庭治疗的祖师爷们就太多了，其流派有十来个，算上小流派的话有几十个，系统的、结构的、经验的、动力的、叙事的、策略的、问题解决的、认知行为的……甚至有内观的，其中三分之二以上受精神分析系统的影响，甚至某些创始人就是从精神分析起家的，在其职业生涯很长一段时间里，可能同时践行着两者。也有专属于精神分析的家庭治疗，比如萨夫（Scharff）夫妇（他们来中国做过工作坊，也经常来讲课）主要从客体关系的角度来做。由于可理解的原因，**家庭治疗的前景会**

超过精神分析，这是没有问题的，但重点是要完成好本土化，因为我们已经知道，中国人是生活在家里的中国人。

一个症状总是与一个已经失落的客体——失落但未曾被哀悼的客体——相连接，每一个症状的背后都站着一个人，通过对症状的不断记忆、不断强化、不断体会来保持着与这个人的不中断的连接。不要以为这很简单，跟一个人连接是天下最复杂的连接，而不是离子键，也不是共价键。一种精神分析式的理解（也可以说，一种巫术式的理解）是，家族中死去的成员成为一个被纪念的对象，当他们确定自己被记住之后，才不再以精神症状的方式想念你，也就是你不再被死去的人所想念。死去的人为什么要想念你呢？因为你欠他的东西还没有还。我在五六年前提出的"大乘精神分析"的概念（我只是在构思它，还没有形成系统）也与此相关。回头来看，之所以家庭治疗之中集中了这么多流派，主要是由于人们对家庭伦理的理解是非常丰富的，国外就已经这么丰富，在中国它只会更丰富。

一个家庭怎样才是一个被调整好的家庭？这是一个伦理问题。伦理问题不像物理问题那样有唯一解，而是一个很麻烦的事情。就像是现在的某些夫妻离婚不离家，这种做法在西方人看来很奇怪，中国人看来也奇怪，但是这种新仪式就这样"为了孩子"而发展出来，这是很有特色的中国式说法。

最后，我想引用海德格尔的一句话，这句话耳熟能详，"语言是存在的家"，最终我们和我们的祖先都存在于话语里，所以我们说祖先就是在纪念祖先，我们的祖先应该会欣慰于我们在说他，所以精神分析也是一种纪念祖先的方式。

课堂问答

问：如何理解家庭治疗、萨提亚治疗这两种疗法的异同？

答：萨提亚治疗算是一种比较经典的家庭治疗理论，你在任何一本家庭治疗的教科书当中都会看到这一章，更拓展的说法叫经验取向的疗法。在它之前出现的疗法更看重系统，更看重结构；而萨提亚治疗非常看重经验，它也会采用一些辅助性的技术来加深经验和促进经验，比如家庭雕塑技术。

问："出家之后回家"总结得很精辟，不过我有点想打听一下被当作表姐是什么情况。有没有具体的例子，只靠想象很难理解这种说法。

答：我没法给你讲得太细，当表姐已经不算是最玄乎的啦，如果他小时候有个表姐对他很好，弥补了部分妈妈的影响，完全可以被替代性地使用。

问：如果人们认真地遵循某种纪念祖先的仪轨，那么和家庭秘密有关的症状也许会少一些？

答：我的理解应该是会的，重要的是重建某些连接。**心理治疗也是一个迂回的、间接的方式，其目的是重建那些本来该有的连接。**因为我们不知道"神"究竟有没有说实话，可以有也可以没有；但是一个人的祖先们是必定有的，没有的话，那肯定没有你，科学也可以证明，我们与祖先的连接是很难打断的。但光是仪轨精致没有用，重要的是认真去遵循，什么叫认真，最重要的是要走心。

问：当他人（来访者）对失落的客体做哀悼时，需要给予其怎样的协助？

答：陪伴和倾听。精神分析总体而言是比较"被动""消极"的（请注意这里加了引号），我们没有什么"重型武器"可资使用，**重点是相信来访者能够自己完成这些**，我们陪伴他、协助他完成这个过程。

问：如何理解符箓、咒语等是如何起效的？它们只具有心理安慰剂的效果吗？

答：**我们之所以能够活下来，起最大作用的就是安慰剂效应。**如果不相信明天会更好的话，今天都没法儿过，任何能够让你相信明天会更好的东西，都是你活下去的理由。我们可以把一些带来神奇力量的象征物理解为过渡性客体，只要相信它们是有力量的，它们就会有力量。

第 18 讲

论解脱:

这日子没法过了

虽然"既济"之后一切看起来都那么完美，但《周易》把既济卦❶放在 64 卦中的第 63 卦。"论解脱"也是这样的，我不把它放在完美的结局，解脱之后还要继续陶冶心性。按理来说，"解脱"不是心理学术语，而应该是专属于佛学、佛教的一个名词，但如今这个词已经是中国文化的一部分，我们借用一番也未尝不可。

"解脱"的标准非常高，比任何一个临床心理治疗目标都要高。认知行为大类中的疗法关注症状，以症状减轻、消失为目标，不影响人的生活就可以了；精神分析也只讲"修通"，修通有很多标准，但没有任何一个标准有"超世间"的意味——荣格派可能要除外，"自性化"可能有点超世间了。荣格派倾向于"超个人"，它的思想渊源非常复杂，不是由一个祖师爷传下来的：有专门研究超个人心理学的——比如荣格，也有一些人尽管不研究超个人，但其想法里有超个人的维度和部分——比如比昂，晚年罗杰斯的研究也有一点超个人的意味了。但解脱的标准似乎比"超个人"所提倡的那些标准还要高。

什么叫"解脱"？就类似于一个游戏你打通关了。什么叫"打通关"？每个人、每个传统的想法真的是不一样的。就以每个人而言，他想不想打通关？这本身就是个问题。我为什么一定要打通关呢？我只是打着玩玩嘛！人生为什么一定要超越、超脱呢？不需要的，我每天好吃好喝，我觉得这样很快乐，我不想往你觉得好的那个地方去。对于要不要解脱，这本身就是不能强制的。我们能够看到一些人带着症状十几年、几十年，也不去寻求帮助，他觉得可以扛，无所谓，症状跟其自身的系统已经融合成一个系统，不要紧的——"我不想摆脱

---

❶ 卦辞："既济，亨小，利贞。初吉终乱。"意为：事情已成，小有亨通，利于守正。但若安于现状，可能初时吉利，最终陷入混乱。

这个症状，更别说解脱于整个人生了"。

症状与解脱

我曾尝试性地提出了"大乘精神分析"乃至"大乘心理治疗"这样的术语，在此用比喻大概讲解一下。假设存在这样一个问题：一张桌子上放了一个水晶球，我们应该如何使这个水晶球不至于掉到地上碎掉呢？有很多种方法，最常见的、最容易想到的是，我应该用胶把水晶球固定在桌面上。这就是我们大多数人采用的做法，比如我要追求卓越、我要成功、我要正能量、我要成为一个怎样的人……这些都是努力把这个球固定在桌面上，在人的有限一生里，这样的做法可能是奏效的，通常也是奏效的。但是，胶万一松了怎么办？有时候外在的力量非常强大，桌子使劲一晃可能就脱胶了，水晶球就掉下来粉碎了。所以有一个解决方法听起来很荒唐，但是也很究竟：我不等这个球掉下来碎掉，我先把它粉碎掉，这样就再也不会发生球从桌上掉到地上摔碎这件事情了。还有一个解决思路：一张桌子是非常有限的，那如果把所有人的桌子拼起来，拼成一个没有边界的桌子，有超级大的桌面，那这个球不管怎么滚动，它也不可能掉下来碎掉了。所以，是把球固定在桌面上，还是把球粉碎，还是把所有人的桌子拼成一个超级大的桌面，这其实是不一样的道路。

这个水晶球象征着我们的自我，而心理疗法也可以分为这样平行的三类。有一些是采用固定的方法，比如采用催眠，努力使心神安定在一个比较祥和的、轻松的状态，只要可以在这个状态稳定一段时间就行了。可以说我们大多数人发展出（或者说发明出）症状，本身就是自我催眠的结果。为什么讲它叫自我催眠呢？因为到最后，结果如此完美，以至于你都不知道是你进行了此种发明。我们已经从精神分析那里知道，每一个症状的形成都是有获益的，有原发获益，有继发获益。所以，**只要产生一个症状，它本身就是一种解脱的尝试。**症状当然让人很难受，比如一个人不能到公路上去，他什么事情也做不了，坐在家里，他固然苦恼了，但是这个症状的发明会使他免于那个更糟糕的（在他的主观体验里更糟糕的）情形——这个症状已经像一条小船一样载着他离开了那个最恐怖的可能性，所以症状本身就是一个作为解脱的发明。如果你常年干这个行当，你会惊叹于大家的发明居然都这么高端，这么精心设计、巧夺天工。正是这样的发明产生了一个症状，这个症状使他获益之后，让他无论是在精神世界内部还是在外在世界、跟人的关系里，都达到了一种平衡——通过一个原发获益，他没有那般焦虑了；再通过一个继发获益，他在外在生活里成功逃避了责任，获得了照顾和关注。

然而，这样的发明、症状就成了他的保护神，恰恰使他没有办法"四转向心"了。**保护神让他免受各种各样的冲突和困境，同时也阻碍了他的解脱之途。**因为他已经达到平衡了，他没有力量，甚至没有勇气再破坏这个平衡。

临床中，初始访谈会带来怎样的提示呢？来访者并不是发烧到40℃然后赶紧来求医，他通常已经带着症状生活一段时间了。这个时间有多长呢？有些甚至长达十五六年。为什么现在才来？**一定要关注什么样的先导事件对这个平衡产生了颠覆性的威胁，看到这一点才会全面地理解他的症状。**最后，既然他还是因为这个症状前来求治，所以这个症状变成了解脱之因。

症状首先是解脱的一种创造性尝试，其次它变成了解脱的障碍，最后它又变成了解脱之因缘。

不苦不乐

基于痛苦跟解脱的关系,解脱无非四种方式:第一种叫"离苦得乐";第二种叫"苦中作乐";第三种叫"以苦为乐";第四种叫"不苦不乐"。

热锅上的蚂蚁都知道,要往不热的地方跑,不能放弃尝试,这就是离苦得乐。人们不管是患身体疾病还是心理疾病,来见医生或者咨询师,肯定希望"你赶紧帮我别这么苦",哪怕有些人声称自己在做个人体验或者有思想准备,但他心里并不一定是这样想的。这个阶段的解脱是要尽可能远离痛苦。来访者往往在精神层面做了非常多的想要远离痛苦的尝试,比方说发展出一大堆强迫症状,或者变得自闭,不去那些社交情境,但这样往往让自己变得更苦、解脱不了。

离苦得乐,最后离不了苦、得不了乐。怎么办呢?就苦中作乐。这个本事很多人都有,一些是以升华的形式,一些就以比较悲催的形式。一个人在描述自己症状的时候,尽管内容是非常痛苦的,但要观察其表情的话,你会发现他带着一种非常狡猾的笑意。他都不知道他其实病得好爽、好舒服。他把苦中作乐做得很好,做得很隐蔽。能够在苦中作出点乐处来,这也是解脱的一种次第,能够做到这一点也很不容易。

接下来,性质发生了变化,已经不是"苦是苦、乐是乐"了,而是以苦为乐。拉康派有一个词叫 jouissance,其汉语译法没有统一,有人译为"欢爽",它指什么呢?恰恰是追求这些苦,这本身获得了一种乐趣。

到最后不苦不乐的时候,理想情况下,平等心升起了,苦和乐的划分就没那么绝对了，就进入了一种比较在世的（在世间的）解脱的状态。中国人非常赞赏这样的状态，可以说儒家和道家都赞成。好的人生不是那种哈哈大笑的人生，就是这样一种不苦不乐的、淡然的人生。在中国历史上，圣贤们的表情基本上就是一种不苦不乐的表情。希腊的思想家往往皱着眉头，这种是我们所不喜好的——如果你因为思想而痛苦成这样，这种思想在中国人看起来是假思想。**哪怕我们把不苦不乐的状态当成一种追求，这个追求本身就使我们已经处于这样一种解脱的状态了。**

心理治疗与解脱之道

我在这里不得不使用另外一个比喻——有些道理非比喻无法讲清楚，它不是靠分析性的命题加上推论、推理就可以搞定的。如果你想去爬珠穆朗玛峰，理想情况下，你得先在你所在的城市买好机票，确定爬南线还是北线。如果你要爬南线，通常得先飞到加德满都，在那里做适当准备，然后要到珠峰北大本营那里去，再从那儿往上爬。假设这一切都很顺利，最后你爬到最高点了，在这时我们做一个思想实验：哪里是珠穆朗玛峰？你可能会说，就是脚下那块石头。那好，如果你还有力气的话，就把这块石头搬回去吧！这样，谁要想爬珠穆朗玛峰，都到你家来爬——我们知道这很荒谬。

所以到最高点的时候，你应该知道，整个世界都在珠穆朗玛峰上。比方说深圳，沿海区域的海拔只有不到十米，这跟 8848.73 米相差实在太远了，但是如果你心向珠穆朗玛峰，那在这一刻，其实你就在珠穆朗玛峰上。所以，你的心转向哪里，这本身就会带来非常大的变化，跟你具体所在的位置没有关系。一个在拉萨或者已经在加德满都的人，如果他心向纽约，那他就不在珠穆朗玛峰上；如果你到了拉萨，要去爬珠峰，跟另外一些人在茶馆里相遇，这些人计划去香港，哪怕你们所处的海拔一模一样，但你们的心转向的目的地不一样，这就使你们的路是完全不同的路。**如果一个人想解脱，哪怕他现在非常痛苦，身心都痛苦，只是"想"这件事情，在"想"的那一刻，他就在解脱的高峰上。**

这跟临床有什么样的关系呢？根据相关规定，不在医院工作的心理咨询师应该尽量避免接病症比较重的来访者，因为我们假设症状轻的比重的好治，其实不然。症状严重的可以说是在负海拔那里，海平面以下，可是如果他内心想要离开痛苦，心比较纯净、纯粹、坚决，其实他比一个"正常人"（相对健康的人）更能够在心理治疗当中获益，因为他在那一刻就已经解脱了。**病得重，非常痛苦，不是一个大问题，这起码不是我鉴别来访者的要点。重点是要评估四转向心的升起程度如何。**我有一份量表，因为没有在大群体当中施测以获得常模，所以我没有发布它。它在我的电脑里，也在我内心里，我不以严重程度来判断来访者，而以四转向心的升起程度来判断。

在这个比喻的背景下，心理治疗、心理咨询跟解脱之道，其实是无缝链接的。一个人并不仅仅是想要赶紧把症状给去除掉，他希望明白点什么，"明白"本身就属于觉悟的一部分。只要你在觉悟，你的心向着觉悟，经由觉悟而解脱，你本来就解脱了。**来访者群体在这一点的态度是很不一样的**，而且我要提醒各位的是，"他是了就是了，不是了就不是了"，你无法把一个人硬掰到某条路上——我自己的体验是这不大可能。我们最终并非要把自己锻炼得十项全能，成为一个全科医生，治得了所有疾病——尽管有人这么想，但在我看来这没什么用处。我们重点是要在茫茫人海当中找到有缘的人，不浪费自己的生命，也不浪费别人的生命，当别人解脱的时候，我们自己也就解脱了。

解决心理问题的三个层面

我在自己的博士论文里把心理问题的解决分成三类，第一类就是要解决问题，以问题的去除、使问题所带来的张力消失作为问题之解决。这种情况适合边界比较清晰的问题，一些来访者的问题比较清晰，他能够说得清楚，这个时候我们就可以尝试使用这种流派的心理咨询和治疗。

更多的情形是来访者说不清楚自己的问题，或者他的问题时而清楚时而不清楚，在这种情况下就不是与问题进行斗争以便消除它，而是与问题进行对话。与问题进行对话的典范是什么呢？其实就是精神分析。存在主义和人本主义也应该算在这个大类；但是如果说特征最明显的，应该是精神分析类。**通过与问题不断对话的这个过程，可能问题自身就消解了，它带来的张力就消失了。**教材把诊断跟治疗分成两章或者两个部分，甚至两本书，这主要是受美国精神医学界的医学模式影响，我个人不看好这个做法，因为可以说整个精神分析过程的诊断跟治疗是一体两面的。

更高的一个层面就是问题自己化解。我们把某些东西当成问题，这个问题是被我们的自我制造出来的，一旦我们认识到这一点，问题就会自然地迎刃而解。当太阳落山之后，太阳跟太阳的倒影就一起消失了；当太阳仍然在天上，你把碗里的水倒掉、把缸敲破让水流光、把河水截住，都没有用处，因为大海里还是有水，还能够折射出太阳的光。

解脱游戏

在这本书将近尾声的时候，我无非想再次向大家传递一个见地：超体的见地。在超体的层面，无论是痛苦还是解脱，它们都已经是完全现成的东西。超体就像一座山，我们爬山到其中的某一截时觉得很难受，比如爬到泰山十八盘，但再爬到天街的时候感觉豁然开朗，非常舒畅，而十八盘跟金顶、天街其实都已经在那儿了。我们人从某个状态中走过的时候，这种状态其实是现成的；**在某个境下升起相应的心，这是无比自然的事情，这是我们的心的本质。**如果我们的人生的确不顺利，而我们的心变得比较纠结、难受而痛苦的时候，往往是在痛苦上做文章，想要把它驱除出去，可就像猴子捞月一样，在这样的境下升起这样的心，难道有什么不对吗？

我们现在有非常多的病名，赋予我们一些新的自然属性。但在创伤后，难道都不允许悲哀吗？不允许在某个时间内用症状来留住客体，以便使我们与客体之间的对话、连接持续一段时间吗？就应该早上一片氟西汀❶，睡前两片阿普唑仑，以便让我们尽快忘掉它们？就应该继续穿起西装、拎起公文包、挤上地铁、奔赴工作？这样的话，我们将拒绝心本身所具有的无限本能，这个本能本身包含着一切东西，而那些东西影响我们作为一个"工具"，作为一个有效率的人，我们就稀里糊涂地想要摆脱它们：内向的人都得变得外向，亲人去世也得赶紧把事儿处理完。心死了的时候也就不会有心病了，这可真是

---

❶ 本书不提供任何用药指导，若您存在健康问题，请前往正规医疗机构就诊，严格遵循执业医师的诊疗建议。

一个不错的解脱啊。对于我们个人而言，要树立这样的见地，要与我们的痛苦、疾病有一种游戏的观念。就像跳探戈一样，我们看着彼此或抱着彼此，要么我们与它是一种"观"的关系，要么我们与它是一种融摄的、一体的关系，我们应该把这样的日常修行当作解脱大道的一部分，无论我们的职业是什么。我希望这个见地能够传递出去，这使我们对于心理治疗的观念发生根本变化：**把我们的工作、我们的生活、我们作为一个凡人的日常、我们作为一个病人的日常、我们作为一个心理治疗师的日常，视为解脱游戏。因为当你的心向着解脱的时候，你本来就在解脱里，这跟你现在所处的海拔没有关系。**

我们作为助人者，就像参与一种解脱的双修游戏一样。一切无非是超体中的一种升起、显现，我们人何德何能把某些东西给去除呢？这就像我以前讲过的例子一样：我们把一个球塞到沙发底下，它就从这个世界上消失了？在本质上，我认为一切试图去除症状的治疗，不管是药物治疗还是 CBT 大类，都属于不究竟的——我并非在实践的意义上反对这样做，如果他们即使这样做，内心所怀的愿望仍然是解脱的愿望，那他们跟我就是一模一样的；我在一些情况下也给人做 CBT，重点是你的心向着哪里。

我来做一个小结：如果你的心向着解脱，你本来就是解脱的。你的七情、你的六欲、你的痛苦、你的烦恼，这些本身都是解脱之花，处于正在开放的状态。以这样的心态，我相信你的同行人慢慢就会从黑暗中传来回声："哦，你也在这儿啊！前边怎么样？""很好，路是通的。"

课堂问答

问：老师曾说要先追求自我，再无我。要追求到什么程度呢？很多人追求了一辈子自我，好像也追求不够，怎么才能加快这个进程呢？

答：这是一个好问题，也是一个非常实际的问题。我对于这个问题的回答未必能够使大家信服。但是我想人群当中总有懂这句话的人，我不妨也分享一下：一辈子算什么呢？一辈子不算什么呀！有什么事情是需要快的呢？快也没有什么用。只要心向着什么，你就已经在它上面了。一辈子就跟一场梦一样，大梦里嵌套那么多小梦。我们把哪个小梦当真了？都没有当真。

问：只怕这辈子追求半天无果，下辈子忘了又从头开始……总在原地打转。

答：怎么可能无果呢？怎么可能从头开始呢？怎么可能原地打转呢？**好消息是所有发生的都不会消失，坏消息也是这一句。**

问：可以分享四转向心量表吗？

答：一个量表要成为成熟的量表，一定有一个很复杂的过程。心理系凡是硕士毕业的都知道编一个量表的过程。四转向心量表目前还没有检验效度，把它推出去再想收回来就很困难了。对于我而言也没什么急的，我先慢慢地改好它，在时机成熟的时候再大范围施测、修订，再做因素分析，使它变得比较"简并"；然后使用这个简化版的量表再施测，再获得常模……四转向心就是从未来转向过去、从外界转向自己、从行动转向好奇、从实体转向缘起。即使在字面上来理解也不困难。

问：怎么应对原地转圈的感觉？

答：原地转圈是一种感觉。每次当我的来访者说他有原地转圈的感觉时，我都会让他继续谈这种感觉。不谈不知道，一谈他会发现原来这种原地转圈的感觉每次都是不一样的。所以如果你有兴趣的话，也可以问一问。来访者经常说：最近我好烦、最近我好烦、最近我好烦……如果你一听"最近我好烦"，就说"我知道了，最近你好烦"——不是的，他每次的烦都不一样。这次的烦是超体中的这一点，下次的烦是超体中的另外一点，千万不要被这个现象或者代称所迷惑。

问：解脱和开悟是同一回事吗？症状的存在也是人的一种感觉与定义吗？呈现了、看见了是否也是在解脱的路上？

答：由于西方人搞不清楚其中差别，他们可能会用 enlightment 作为解脱和开悟的共同代称，但其实不是的。解脱之路不难走，你只要心向着它，这一瞬间你就在解脱；下一刻，你的心不向着它，那马上就不在了。

第 19 讲

论心性：

"存心养性""修心炼性"
"明心见性""析心复性"
"显心立性"

最近几年，"心性"问题逐渐成为我经常发表意见的问题，原因有非常多，我想通过本讲内容，让大家更明白我为什么把它放在几乎是压轴的位置。

"失魂落魄"或者"六神无主"之类的词形容了一类疾病，这类疾病在传统中医当中是有记载的，俗称"失心疯"。"失"就是失去的失，"心"就是心灵、心性、心理的心，"疯"就是疯癫的疯、疯子的疯。一个人如果呈现出一系列症状，可能是非常癫狂，也可能是闷闷不乐，我们就说可能他失去了"心"。我们把这个概念推广一下，可以说得了"失心疯"的人非常多，不局限于一看就有精神心理障碍的群体，一个看起来非常有效率、非常正常、非常有地位、非常有影响力的人也可能处于"失心疯"的状态，只不过像他这样的人实在太多了，所以他意识不到自己其实已经疯了。

失心时代

我想把两个概念放在一起，其中一个概念叫作"轴心时代"，另外一个概念是我今天公开提出的"失心时代"。轴心时代是哲学家（通常也是一个存在主义者，精神病理学的奠基人）卡尔·雅斯贝尔斯提出的一个概念，它指历史上的一个时期，公元前 800 年至公元前 200 年之间，尤其是公元前 600 年至前 300 年间，在这个时期，地球上的很多个地方都涌现出非常重要的思想家，比方说老子、孔子、佛陀、苏格拉底，以及由苏格拉底所带领的哲学家群体——柏拉图、亚里士多德。当时，这些地域的人之间并没有什么交流，尤其是知识方面的交流，但就好像几盏灯同时亮了，亮的结果是什么呢？就是人的心智被开启了。

中国的说法是，"天不生仲尼，万古如长夜"，这把孔子的地位揭示出来。在苏格拉底之前，并不是没有哲学家和哲学实践，但那时哲学家主要研究的是宇宙论和自然哲学；从苏格拉底开始，哲学把眼光从天上和外界拉回到了城邦内、人心里，完成了由天到人的转变。所以，从他开始，哲学关注的也是人心的问题。所以在那个时代、轴心时代，好多盏心灯在这个世界的不同角落点亮了，而且通过灯的不断传递，照亮了今天的整个人类，这些光芒逐渐把地球上的每一个角落都照亮了。

我把我们这个时代称为"失心时代"，和轴心时代相应。从物质的角度而言，我们过得不错，比轴心时代的人要好得多，技术非常发达，生活非常便利。我想对于现代社会物质文明、信息文明的批判已经是老生常谈了，我主要从心灵、心性的角度去讲。看起来我们人类似乎变得比以前懂得更多，在某种程度上似乎对自己的内心了解得更多，随处都能遇到一些"学问"，要求你认识你自己、聆听你内心的声音、知道你要做什么……这些声音就像不断的、强制性的幻听一样，轰炸着我们。这个时代的我们是不是相比较前人们，更多地了解自己的心、拥有自己的心呢？不一定。**我们的心更多地被一些物质性的东西所抓取**。你觉得你有一个独立的心灵，但是你不知道，你之所以有这样的想法是被传媒所影响的，传媒之所以要这样去影响大众，是因为资本在后面运作，使你产生了一种似乎你还拥有你的心的错觉。所以我们把自己的心给"卖"了，卖了之后换来什么呢？换来便利，反映在一些非常具体的层面就是，现在大学的心理学系都纷纷改名叫"心理科学学院""心理与教育科学学院"或者"心理与认知科学学院"——心理逐渐变得没有"心"，基本叫作"脑理"了。我曾就读的武汉大学心理学系脱胎于武汉大学哲学学院，在我读书的时候，

"心"的氛围是非常浓的，但现在也不得不走向"脑理化"，这样的趋势反应在几乎所有心理院所内。我们现在骂人的一个词是"脑残"，脑残不可怕，心残更可怕；脑残都看得到，心残不见得——心不光残，心都没有了，可能本人还不知道。所以，我现在努力区分"心理"与"心性"，这是因为什么呢？**今天的心理正在逐渐变得"有理无心"。**这非常不幸：要探寻生命的奥秘，学了生物学，发现生物学基本上已经是化学，没有生命了；想学心理学研究心灵，心理学又变成了脑理学，没有心了；后来又学哲学，想要探索智慧，今天的哲学已经只关乎论证，不再关乎智慧了。害得我现在在哪儿也待不好，只能在"江湖"上晃荡。

心理学的演进

心理学难道一开始就是这样吗？不是这样的，心理学是哲学最后出嫁的女儿。**很早以前，心理学本身就是哲学思考的一部分。**亚里士多德把心理现象作为专题进行研究。在《亚里士多德全集》中，讲心的著作，比如论灵魂、论情感的，大概有六部之多，还不算他在伦理学当中谈的心，在形而上学当中谈的心。亚里士多德开创了很多门学科，但对人的心理进行比较系统化探索的是他的老师柏拉图。总而言之，只要一谈心理学史，从柏拉图开始查文献基本上是没有问题的。

我们都知道，心理学的祖师爷是冯特，教材上这样写没有问题，但如果真正去看历史，并非这么简单。今天心理学所使用的主要是实验方法和统计测量方法。冯特是使用实验方法的，但他采用的内省法是一种非常不纯粹的实验方法。今天所使用的实验方法更多来自达尔文的表弟高尔顿。高尔顿发明了好几种实验心理学器材，发明了统计当中的相关和回归方法，高尔顿的弟子斯皮尔曼发明了因素分析，我相信这一点对于心理学系的同学而言应该是常识。但是为什么今天大家都要把冯特作为祖师爷，而不是高尔顿呢？高尔顿一辈子没有在大学工作过，他在"江湖"里。他为什么要在"江湖"里呢？因为他完全不差钱。冯特教了一辈子书，弟子非常多，他的美国弟子回国之后，就把心理学带到美国发扬光大……你说，如果他的学生要写心理学史，会把祖师爷写成谁？我们在这里不再展开，只是要强调一下，**冯特本人开创的不光是实验心理学传统，也开创了人类学、心理学或者民俗心理学的传统**——但是这一方面在很大程度上被忘记了。到现在，**心理学正在逐渐地被神经科学化**，这没有问题，从学科发展而言，它是有规律的，这是由于研究脑的各种工具已经齐备了。所以，在可以预见的将来，就像生物学的各个分支都被分子生物学化一样，心理学的各个分支会陆续被神经科学化。好在，除了认知神经科学之外，情绪神经科学的体系现在也树立了起来，情绪的方面至少与心性是更为接近的。冯特、高尔顿所开创的心理学传统目前已经进入脑理阶段了，我们不能指望脑理的部分能承载"为天地立心"这样一个更人文的角色。

西方心学传统

中国有漫长的心学传统，而且这个传统不是浮在表面上的，它是一个非常显著的部分，可以说是源源不断的。西方不是没有心学的传统，但它并不总是主干。我们通常把西学体系粗略地分为唯物主义和唯心主义，其实也可以把唯心主义作为西方心学、西方心性之学的一个脉络，这大致是没有问题的。当然，即使在西方心理学的范围内谈心性之学，也不要以为只有冯特和高尔顿的传统，我在很多场合下讲过狄尔泰和布伦塔诺的传统。威廉·狄尔泰❶（Wilhelm Dilthey）是一个哲学家，他的名字与精神科学（我们现在只要一提"科学"，就是自然科学，顶多再加上仿自然科学研究范式树立的社会科学）联系在一起，还与生活解释学联系在一起。解释学在西方有非常长的传统，一个源头是对文本——《圣经》文本进行不断理解，不断形成解释；过些年之后，这个解释对于当代人又显得比较深奥，那就有对解释的解释。一些解释集中在文本字、词意义的层面；一些解释在疏通文义的层面；一些解释集中在对经文中所蕴含的一些隐匿信息进行挖掘的层面；还有一些新兴的解释致力于挖掘经文中蕴藏的奥义，是完全字里行间的。不同的解析使一本古老的经文不断对当世之人的生活发挥作用，所以对《圣经》进行解释就变成了一件不可避免的事情。解释学的另外一个源头是对《罗马法》进行解释，一部法律，如果不进行解释的话，在具体判案的时候可能比较抽象，所以解释律条也是一门必需的实践学问。从狄尔泰这里开始，他赋予这门古老的学问新的含义，把生活作为解释的对象，把解释视为人生的一种理解性的活

---

❶　狄尔泰（1833～1911），德国哲学家，生命哲学的奠基人。他曾先后在巴塞尔大学、基尔大学、布雷斯劳大学和柏林大学任哲学教授。狄尔泰的哲学思想是新康德主义的发展。他严格区分了自然科学与精神科学，认为哲学的重点是在精神科学，以生命或生活作为哲学的出发点。狄尔泰的哲学不仅仅是对个人生命（或精神）的说明，而且更强调人类的生命。他指出，人类生命的特点必定表现在时代精神上，即在历史过程中，人的一切表现都是历史过程的一部分。但他把历史过程归结为人类生命的过程，同时又把生命解释为某种神秘的心理体验，他的生命哲学是主观唯心主义的变种。著作有《精神科学序论》（1883）、《哲学的本质》（1907）等。

本脚注出处：

中国大百科全书．狄尔泰，W．［EB/OL］．（2023-04-24）［2025-04-15］．https://www.zgbk.com/ecph/words? SiteID=1&ID=111200.

动，而不仅仅是对经文的注释。弗朗兹·布伦塔诺❶（Franz Brentano）也是做哲学的，主要研究亚里士多德哲学，他的学生非常有名，一个是弗洛伊德，还有一个是现象学创始人埃德蒙德·胡塞尔❷（E. Edmund Husserl），他的一本书是从经验观点看心理学。这两个人共同的贡献是：**避免人心的部分完全被实证科学和经验科学所吞噬**。从这个意义上来说，精神分析、分析心理学就是这样的传统的、活的实践；当然，现象学、哲学的传承并不是没有，但大家似乎对胡塞尔本人的文本更感兴趣，如果留意的话，你会发现胡塞尔的书每年都被出版，尽管他去世好多年了，但他的手稿不断被整理。这些学问不叫现象学研究吗？也叫。**我们的临床工作是直接对一个人的生活世界和内在世界进行研究，我们其实也是现象学者**。这个现象学的分支主要存留在心理治疗的传统内，比如马丁·海德格尔❸（Martin Hei-

---

❶　布伦塔诺（1838～1917）是意动心理学的创始人。他在维也纳大学工作了20年，形成了一个举足轻重的意动心理学派或称奥国学派，与冯特的内容心理学相抗衡。在这期间，弗洛伊德听了布伦塔诺的课，还为布伦塔诺承担了将约翰·穆勒的著作翻译成德文的任务。
本脚注出处：
合肥市心理咨询师协会．布伦塔诺——意动心理学创始人［EB/OL］．（2013-08-12）［2025-04-15］. http：//www. ahxlzxxh. com/shxlfw/xinlikepu/882. html.
❷　胡塞尔（1859～1938），德国哲学家，20世纪现象学学派创始人。胡塞尔早年攻读数学、物理，1881年获得博士学位，1883年起在维也纳追随布伦塔诺钻研哲学，先后在德国哈雷、哥丁根和弗赖堡大学任教。代表作品有《逻辑研究》（1900～1901）、《形式的和先验的逻辑》（1929）等。
本脚注出处：
中国大百科全书．胡塞尔，E.［EB/OL］．（2022-01-20）［2025-04-15］. https：//www. zgbk. com/ecph/words？SiteID=1&ID=111030&Type=bkzyb&SubID=99450.
❸　海德格尔（1889～1976），德国哲学家，被视为开辟了现象学运动的一个新方向，并被奉为存在主义哲学的创始人。其代表作有《存在与时间》（1927）、《形而上学导论》（1953）等。
本脚注出处：
中国大百科全书．海德格尔，M.［EB/OL］．（2023-04-01）［2025-04-15］. https：//www. zgbk. com/ecph/words？SiteID=1&ID=112369&Type=bkzyb&SubID=99469.

degger），他是一个集大成者，他的名字与现象学、解释学、存在主义、基督教、神学都联系在一起，可以说他是一个"垂帘听政"的人，是好几个心理治疗流派背后隐藏的祖师爷，比如存在分析学创始人之一梅达特·鲍斯（Medard Boss）❶和路得维希·宾斯万格❷（Ludwig Binswanger）的存在分析（daseinsanalyse）、主体间性（inter-subjectivity）以及聚焦（focusing）等概念均受其影响……

东方心性传统

我要讲一讲源源不断的中华心性传统。西方的心学一会儿是哲学的一个隐流，一会儿是神学的一条小支流、小暗流，一会儿又被科学挤到一边。在中国没有这个问题。从某种程度上来说，如果有什么中华学问是"一以贯之"的话，我个人认为是"心性"二字。孟子提出"心的四端说"，由此提出了"性善说"，这是中华心性论的文本上的源头。当然，在它之前肯定有更深远的源头，比方说像《中庸》《易经》

---

❶ 鲍斯（1903～1990），早在大学阶段就到维也纳接受了弗洛伊德本人的分析，并开始了正统的精神分析训练。后来他又先后赴柏林和伦敦继续深造神经病学和精神分析。1943 年左右，鲍斯对时间的概念产生了兴趣，并碰巧阅读了海德格尔的《存在与时间》一书，他隐约觉察到"这是一种全新的东西，一种新颖而具有决定性的方法"。他曾于 1946 年写信给海德格尔，而这封信便成为两人 30 年深厚友情的开始。正是鲍斯其后与海德格尔进行的频繁而深入的交流，使他最终从精神分析转向了存在分析。

本脚注出处：

郭本禹，孙平. 鲍斯的存在分析学评析 [J]. 南京师大学报：社会科学版，2008 (5)：88-94.

❷ 宾斯万格（1881～1966）是瑞士精神病学家，他创立了结合现象学、存在主义哲学和心理分析学的精神病研究方法，并强调治疗中来访者和治疗者之间的联系。他的理论在德国和瑞士对现代精神病治疗产生了重大影响。

本脚注出处：

路得维希·宾斯万格 [EB/OL]. (2024-12-24) [2025-04-15]. https：//baike.baidu.com/item/%E8%B7%AF%E5%BE%97%E7%BB%B4%E5%B8%8C%C2%B7%E5%AE%BE%E6%96%AF%E4%B8%87%E6%A0%BC/813637.

之类的各种传、易传，其实都有很多地方谈到了心性；如果你关心这个领域的话，就能够发现有一些近年出土的简帛的内容是与心性高度相关的。除了孟子之外，庄子也谈心性，庄子的学问由王弼、郭象所发挥，他们在注解《庄子》的时候，也有自己在心性方面的创见。中医、《内经》通常被写中国哲学史的人忽略，《内经》里谈心论性的词句非常多，尽管不一定使用这样的字眼，也可能谈的是"魂魄"。如果把中华学问作为一体的道统，就不应该把传统医学这一部分排除在外。

通常而言，中国哲学史又不把苏洵、苏辙、苏轼写在内，这也是个问题，因为现在学科分类比较多，研究三苏是文学院的事，而不再是哲学院的事了，三苏作为经学家、哲学家的光彩被他们的文学成就掩盖了。我在此要申明一下，三苏一样在心性传统当中。

"陆王心学"作为中国宋明理学的重要流派之一自不必多说，尤其是王阳明的"阳明学"至今热度依然很高。也有很多其他人的思想对心学的发展有重要影响，比如陈白沙、湛若水等等。

由于种种原因，在清朝谈心论性不是很兴盛，而以考证之学为主流。到民国时期，熊十力接续了心学传统并且开创新儒家的体系，其弟子牟宗三、唐君毅把心性的论述又往前推进了一步。我的一位老师是牟宗三的弟子，说起来我也可以算到这个传承里，只不过我的学问实在很对不起熊老师，不提也罢。这样一看，我们的心性之学就像传递接力棒一样，谁行谁上，一会儿在道家这边，一会儿在儒家这边，一会儿在佛教这边，一会儿在理学这边，一会儿在心学这边，一会儿在新儒家这边，形成儒家有内圣、佛家有内明、道家有内丹的三内学问。

中国人怎么总是聚焦于"内"？根据荣格的理论，我们中国人的内倾直觉是一个优势功能。我曾在硕士一年级的时候测过 MBTI 量表，结果是在四个维度里基本都处于正中间，这可能说明我这个人方方面面比较均衡——自夸一下；但在这一行干了十年之后，我的内倾直觉功能明显就发达起来，压过外倾判断的部分。**中国的学问非常擅长协调与超越，西方的学问非常擅长批判与建构。**如果你想使你的心变得更大一点，能够容纳更多的东西，西人的心理之学要学，中国的心性之学也要学。

该学的东西实在是太多了，我只能简要地梳理一下脉络。中国的东西要深入文本，不能老看现代汉语译本——不能这样做研究，一定要有"小学"基础。"小学"是指文字、音韵、训诂之学，有时也包含教筹、版本、目录学，这些都是深入研究国学经典所需要的工具学科。任何一门学问，你只要扎下头去，向天再借五百年都不够。

大家也许已经看得出我的心思了：**西方的心理治疗如果要被本地化、本土化，那也就不是心理治疗了，它会变成心性修行。**中国人非常喜欢圆融，什么叫"一定要治疗"呢？治疗成什么样子呢？为什么一定是你治我呢？我们之间更多的是同修的关系。可惜，这么一个重要的、璀璨的传统，在今天岌岌可危。正是在这样的情况下，我们才会生病。生什么病？失心疯。在失心时代生病，那肯定是由于失去心了、心残了，所以才有症状。症状是什么呢？**第一，症状证明了这个人的心还在；第二，症状反映了这个人对于心之完整的一种努力——**通过得病，他发出了某些召唤，使人注意到他是一个有心的人。如果家长把孩子们视为没有心之人，孩子就会生个心病以提醒，"注意我的心"。所以，**心就是病之源，病就是心之末。**

症状解释学

所以我要提出"症状解释学"，它不光针对已经死了两三千年的文本。梦的解析就是对症状进行解释，弗洛伊德那个年代一定要使精神分析成为科学，在我看起来没这个必要。精神分析在本质上属于解释学，英文叫 hermeneutics。**症状解释学就是一种生命的活动，它的要害不在于从文本到文本，而是从人心到人心。**在我看来，人类发展的历史至少有一个趋势是比较明显的，那就是越来越多的凡人挤进了历史，《史记》中根本不会写凡人，可是精神分析就是对凡人的历史进行解释。

每一个症状都希望被理解，同样，每一个人也需要被理解；理解症状也就理解了人，理解人就理解了症状。**症状是众生之一，人是众生之一，症状和人都是超体的显现。**所以，无法把它们从超体里分离出去，无论是人的显现、人心的显现，还是心病的显现，这都是超体的光明——人的觉性相当于子光明，超体相当于母光明，只要我们在使用觉性，不管我们所处哪里，我们这个光明其实就在影响一个更大的光明。心性的光明是无比巨大的，巨大到什么程度呢？巨大到人们惧怕去看它，因为它实在太耀眼了，就像一个症状一样，非常耀眼；它是非常高密度的心性之光芒，所以没法直接看，一定要经过好多道转化，并且在另外一个人的帮助下才能够看到一点。

到了今天，整个社会都十分注重效率，这样一来，一个人如果有心，那就是效率的一种负担，就变成了一种病——想太多了。想这么多，还要找一个人说，有必要说吗？好好干活就是了……即使是做 EAP（员工帮助计划），也不是为了让这个人心性成长、成熟，而是为了让他很好地工作。站在先贤（绝学）为天地立心的角度，我们要把儒家存心养性、道家修心炼性、佛家明心见性的传统接续过来，使我们人类仍然有心。

来访者为什么会生病呢？很简单，因为有良心。没有心的人就不会生病吗？心不会痛吗？真不会，已经没有心了。所以，扪心自问，如果你的心仍然体会到痛苦，谢谢你，很好，它还在。但是，**心需要被理解、被解释，它需要从事故到故事。**

课堂问答

问：心和性是一回事吗？如果不是，两者是什么关系？

答： 你问的问题非常好。心的意思有非常多种，人有人心、天有天心。我在这里把性和心连用，更多的是将心放在本体的层面，而将性放在功能层面；一个是存在的层面，一个是现象的层面，心是通过心之性体现出来的。

问：如何扩大心量？

答： 如果不是被痛苦所逼迫，谁愿意扩大心量呢？扩大心量，就是你内心有些东西憋着、硌着，容不下了；当把它变得重新能够容下的时候，你的心量就扩大了。心理治疗作为一种世俗的修行，其实也在帮助你的心扩大到能够容纳以前所不能容纳的东西。

问：道家的内在逻辑与儒家一致，都是基于二人关系的相互依赖，与美式的独立、个体精神是两种不同的文化结构。是这样吗？

答： 对，没有问题，我完全赞同这一点，在中国人内部，儒家跟道家似乎是对立的，但是相较于西方文化，将它们理解为同一回事也没有关系。但问题是，道家的理论（比如阴阳）能否附会成内在的二人关系。阴阳不只是道家的理论，它几乎是所有"家"的理论——墨家、儒家、法家、阴阳家都讲阴阳，**阴阳包含一切相互对立又相互融摄的范畴**。所以，它是不是能附会成内在的二人关系呢？只能说二人关系可以从阴阳的角度来理解，显然并非只是指它。

第 20 讲

论教育：

"大其心则能体天下之物"

这一讲是"大结局"了。既然我一直都在教东西，为什么把教育放在最后呢？因为基于之前的内容，大家才能明白我所谓的教育是怎么一回事，我为什么要教这些东西。

各流各派的教育观

为什么要在这本关于心理治疗的书里放上"论教育"这一节呢？治疗、咨询或者分析，它与教育是什么样的关系呢？应该说，**古典精神分析是反对教育的**。在某种程度上，精神分析式的解析不是为了告诉你一个现成的知识，而恰恰是对于来访者联想内容的一种翻译。来访者到分析师这里来，也并不是为了学得某种东西——哪怕他间接地习得了某种东西。尽管古典精神分析站在一个反对教育的立场上，但弗洛伊德本人却是"好为人师"的，他对来访者的分析中有时有明显的教育，甚至是谆谆教导。目前，"教育"这一部分尽管属于广义的动力学心理治疗，但已经被放在支持性心理治疗里了，以便跟分析性的、表达性的治疗区分开来。

弗洛伊德一开始是在一个圈子——维也纳小组里的。维也纳小组的另外一个成员阿德勒跟弗洛伊德很早就分开了。阿德勒是不回避使用教育的，甚至他认为教育就是一种治疗性的策略，说得更极端一点，治疗的本质就是教育。所以你能够看到，阿德勒的思想在今天的临床界似乎没有直接的、很大的影响；但是他的教育思想会被写进教育心理学的教材，而且著名教育系统"正面管教"（positive discipline）的思想就是建立在阿德勒的教育思想上的。

荣格把教育算作一个完整治疗的一个部分。荣格认为，一个完整的治疗应该包含宣泄、解释、教育、转化这四个部分。如果你去做荣格派的个人体验、分析，你可能会发现它跟精神分析流派很不一样，跟弗洛伊德派、克莱因派都很不一样，倒是有点像老师与学生的关系。

认知行为流派治疗师本质上是一种教练。所以在这里，教育不是问题，治疗师是可以在教育者位置上的。他会向来访者解释一些做法的原理，并且更正来访者那些不良的、错误的、非适应的行为和思考模式。尽管这样，我们要把它跟市面上流行的教练技术区分开来。"教练"这个词没有问题，我认为应该存在健康私教、健身私教和心理私教这种行当，但是有些机构滥用了"教练技术"的名义，甚至有发展成精神邪教的趋势。未来的趋势是，可能会存在个人心理顾问，可以是心理健康方面的，压力方面的，人际、亲子、夫妻方面的，也可以是其他一些方面的，比方说管理的、组织行为激励的。

古今之"师"

在中国的实践中，非常有意思的是，各流各派的咨询师、分析师、治疗师都被称为老师，这基本上成了默认的东西。除去在医院里工作的那 18 个月，我被称为医生（尽管我不是医师），其他时候我都被称为张老师，哪怕我没有在学校教书。现在早就不是只有圣贤先师或太师太傅才能被称为老师了，在我国很多地方，"老师"是通用的敬称，跟陌生人问个路就可以喊对方老师，清洁工、理发师、厨师等等都是老师。即使是这样，老师这个说法仍然暗含了一种"你懂得多"的意味。我们是不是真的比来访者懂得多，以至于要教他一些你懂、他不懂的东西呢？这个问题从两方面来回答。一个方面，的确懂得多。在"我是如何自欺欺人而不自知"、技术、策略这些方面，咨询师可能比来访者懂得多。因为我们天天都看这些，看多了就是老师了。另一个方面，有关来访者的生活呢？我们能不能未卜先知呢？无论我们有多少经验，有些时候的确能很快形成一些初步的假设。那是不是一定如此呢？往往不是。所以这不是单纯的"你教我"或者"我教你"的问题，而好像是两个人共同研究一个东西。在研究这个东西的过程当中，大家教了彼此。

我们国家有非常长的尊师重教的传统，这个"师"里包含很多意思。"师"可以是"父"的代称，就像"一日为师，终身为父"。只要称"师"，比如巫师、牧师、上师、禅师、分析师，都会让对方高一层出来。我们国内的拉康派把 psychoanalyst 翻译成"分析家"，这是我的好朋友严和来的译法。据他个人所说，是为了不显得很权威，所以不叫"师"而叫"家"，我跟他说："你不要再骗我了，物理老师跟物理学家能是一个概念吗？""家"肯定高于"师"。

我们把教育放在最后，其实是想先让大家对超体这个概念有感性的、理性的认识。在"超体"这样一个概念下，我们如何看待"教育"这件事情？古人的话比我所有能想到的说法都好得多、很完美，以至于当我读到这句话的时候非常兴奋和震惊。这句话是北宋张载❶所说的"大其心则能体天下之物"，可以简单说成"大心体物"。**在我看来，教育的本质就是大心体物**。我们原来讲过"格物"，大家在此

---

❶　张载（1020～1077），字子厚，北宋思想家、教育家、理学创始人之一。与周敦颐、邵雍、程颐、程颢合称"北宋五子"。其"为天地立心，为生民立命，为往圣继绝学，为万世开太平"的名言，被当代哲学家冯友兰称作"横渠四句"，因其言简意赅，历代传颂不衰。

本脚注出处：

刘沛恩. 张载的历史地位［J］. 月读，2019（7）：4.

李长庚."横渠四句"承载的哲［EB/OL］.（2019-02-22）［2024-04-17］. http://theory.people.com.cn/n1/2019/0222/c40531-30896157.html.

处理解"物"，最好建立在原来已经形成的关于那个"物"的概念上。

我们的心本来是很小的、很窄的，它不能够去体这世界上的诸多物。当我们经过精神训练，我们的心逐渐能够去体这个世界上的万事万物时，心就受到了良好的教育。是不是知道了什么，就已经能叫作"体物"了呢？显然不是。"体"在中文的语境里有非常丰富的意思，它远远不只是"肉体"这么简单的一件事情；如果你用"体"这个字组词，会发现非常多：体会、体验、体贴、体察、体悟、体认、体正等等。还记得我对精神分析的重新定义吗？**去体验那些经历而未曾经验的存在。**这其实也是"大心体物"的一种临床上的翻译。当心不够大的时候，它就不能够容纳一些东西，所以尽管经历了那些东西，但没有经验；现在，通过大心体物的方式，那些东西就在心里了。可以把它这样翻译成英文：Enlarge your mind, embody the world。

我们的认识一定要达到刚刚那一系列由"体"所组的词，它们才真正是心的对象，是心认知的对象，这样才真正达到了教育目的。教育不仅仅是让人复读一些东西、执行一些指令。"君子不器"，教育的本质并不是使人成为好的工具，当然人生于世又能做一些事情以便安身立命，这没有问题，但不是教育的本质。

治疗中的先知

站在这样的见地下，我们如何反思治疗关系呢？我刚刚已经提到了：谁在教谁不是一个能简单回答的问题。**我们的来访者是先知，但他并不知道他先知道了什么。**在关于时间性的一讲中我已告诉过各位，每一个症状的形成首先是指向未来的。他已经"先知"到某些东西，这些东西存在威胁性；在这个前提下，他过往经历、经验中形成了一个对抗性的结构，形成了当下的症状，这个症状的形成就提示着这个人知道了些什么。就像临床上来访者在自由联想的时候，本来好好的，突然联想内容发生了180度的转弯，来访者本人并没有意识到这个转弯——正说到他爸，说得好好的，突然说起他昨天跟舍友的关系。那是因为他的心"先知"了些东西，它才会拐弯，但是他不知道他"先知"到了些什么，他的心没有大到容纳他所知对象的程度。相反，心采用了收缩的行为，这个收缩行为在外界被体验为一些防御，在治疗关系当中被体验、表现为阻抗。心的这种运作不光带来症状的形成，心所运行的本质也通过异常的部分体现出来。

我们预先知道了什么？我们预先知道了这一点，并且预先知道了一些规律。于是一段旅程就开始了，就像一个盲人跟一个肢体残疾人，组成了这样一支往前走的队伍，在探索的过程当中，逐渐地，一些东西之上的遮蔽被去除，而向这两个人呈现。

跟我学习很久的被督导者、学生都知道，治疗的秘诀非常简单质朴：你要是知道什么，你就把你知道了什么跟来访者说；你要是不知道，那就不要假装知道，因为他也有可能假装知道；你要弄清楚，要问。问到什么样的程度呢？问到他知道，你也知道为止。**治疗就是两个人一起做研究，弄清楚那些心所容纳不了的是什么。**

张载提出要"为天地立心"。"天地有心"这个说法来自《易经》的复卦❶。心可以非常大，它可以融摄天地，并不仅仅是我们人类意识这么可怜的、小小的一片。我们在治疗当中谈不上要为天地立心；**我们是为症状立心，症状是心扭曲之后的一种表现，扭曲的结果是，**

---

❶ "复，其见天地之心乎？"（《周易·复卦·象传》）复卦是《易经》六十四卦中的第24卦。卦辞："亨。出入无疾，朋来无咎；反复其道。七日来复，利有攸往。"意为：顺利。出入没有障碍，朋友来无所怪罪；反复探索道路，七日来回。利于有所前进。

显得这个症状是心的对立面。其实，症状里也有心，"以我观病我有病、以病观我病有我"，心理治疗的过程就是要使症状的心立起来、成立起来。症状是众生的形式之一，所以治疗也是为众生立心，要达到一种怎样的境界呢？达到一种心心相印、美美与共的和谐世界。

青少年教育

从大的方面来说，青少年的教育属于未病学。未病还没有形成病，但有可能发展为病；"上工治未病"就是最好的医生是治疗那些未病的，就像预防医学一样——最好的医生使临床医生无事可做。历史上的名相名将之所以成名，是因为国家碰到了危难，显出他们是能人；而高明的君主可以避免危乱，使大家根本看不到名相名将的功劳。

如果青少年的教育问题解决好了，那我就可以放心地退休、改行，这真是一件很好的事情；但不管是媒体上、朋友圈里，还是日常生活中的所见，就会让你觉得我们的"生意"似乎永远可做，一大批来访者已经在流水线上被逐渐"生产"出来。父母是孩子非常重要的老师，他们在孩子的心目当中树立老师的原型；教师的孩子的发展往往呈现出双峰分布乃至双极分布，好的特好、糟的特糟。我曾经有一位老师非常聪明，根本没有解不出的题，也非常善于教学，高中毕业就留校了，整个教研组的老师都是他曾经的学生。我去拜访他的时候，他家的孩子过来，当着他爸爸的面说："哥，给我点钱吧。"我第一次听到的时候惊讶得嘴巴都快没合上，但是我瞬间就反应过来了，赶紧掏出50块给他，然后他欢天喜地地拿着钱出去了，过一会儿钱已经没有了，已经买成鞭炮放了。我很愕然，这样的行为父亲看着居然都不管！据说后来这孩子一无所成。所以一位非常优秀的老师未必知道青少年教育的真谛。

按照温尼科特的说法，父母要向孩子介绍这个世界。这个世界有很多东西，首先呈现给孩子的是父亲、母亲，尤其是母亲。母亲要为自己命名，"妈妈"这个字眼就是母亲向孩子介绍的；从这个字眼开始，妈妈向他介绍这个世界上非常多的东西；再后来是父母跟孩子一起完成的。孩子一开始并不知道这个世界上有禁忌，他并不知道这个世界上有危险。很多在孩子眼中一点都不危险的事物（比方说一个有电的插座）在父母眼中是存在真实危险的，其危险程度比一只虫子要厉害得多，那父母如何向孩子介绍这个世界上的种种呢？如何向孩子介绍这个世界上存在的死亡呢？如何向孩子介绍他是性的产物，性是怎么一回事呢？如何向孩子介绍他人呢？陌生人究竟是可信的还是不可信的？这些教育都非常重要，但是很难操作好。比如向孩子介绍陌生人是安全的还是危险的，就很让人犯愁。我生活在深圳的核心区，治安是非常好的，所以我们就会向孩子说，陌生人是安全的，我们要向陌生人表现出友好，要接纳陌生人；但如果我们带孩子去外地呢？我觉得刚刚那个介绍好像就需要修正一下了。那当孩子困惑——为什么有时这样、有时那样的时候，你如何向他解释人可能是这样，也可能是那样的呢？你如何向他解释人是复杂的呢？如何向他解释，一些人看起来是人，但他可能是禽兽；一些人看起来是人，但他可能是天使？如果父母很清楚这些，父母的心能够容纳这些充满冲突的东西，那我们就可以带着这样的一种容纳，向孩子耐心解释：什么样的条件下是这样的，什么样的条件下是那样的。但如果父母的经验受到他本身经历的极大扰乱，提升了他对于坏、受迫害可能性的感知，那他就会以被他的心所过滤过的方式去介绍这个世界。结果是，孩子的心就会收缩，他无法容纳一些连他父母都不能够容纳的东西。

所以，一个家庭或者一个家族的教育，传递了非常多这个家族、这个家庭传递到孩子父母身上的非常重要的东西。这些传递是在无意识层面进行的。某种应对方式、策略，某一个如何看待他人、世界的参数，可能曾经是合理的、具有适应性的，但现在有可能变得僵硬，变得刻板，变态遏制而非保护；但是在我们有能力接受学校教育之前，我们的心已经被如此深刻地教育了一番。**无论父母是不是有意识地在教育，教育的成果已经在这里，它将形成孩子人格的核心。**

如何使孩子的心能够意识到他接受的第一轮教育，能让孩子在多大程度上超越它，我觉得这是后来的另一种教育非常重要的部分。从这个意义上来说，精神分析、心理治疗是一种再教育。再教育不是简单地铲除或者否定家庭原始教育的成果，相反，是让人尽可能地意识到他的心智是教育的成果，以便启发他开始自我教育。大心体物，父母的教育里可能传递了非常多的物，这些物在阴暗当中，像砖头一样制造了非常多隔断，使孩子的心无法舒展。重要的是：**如何认识并且拆除这些隔断，以便青少年的心重新恢复其能够体万物的本性。**

从前我对教育是不感兴趣的，但是这一行干得越久，我就越觉得青少年教育本身是治疗的一部分。有些时候，做青少年治疗免不了要对父母进行教育，以至于对自身由于站在精神分析立场而不愿意教人的信条有所动摇。相信大家已经明白，小孩如何学外语、学钢琴、学奥数、学编程，这些是教育的一部分，但不是教育的真谛。

犹太人对于人格的独立、对自己负责，有着非常高的要求，一些家庭甚至在婴儿三个月时就分房了（犹太人自己也在反思这一点）。你根本见不到任何两个犹太人的想法是一样的，正如犹太俗语所说，

"两个犹太人有三个脑袋"（Two Jews，three opinions.），我亲耳听到一个犹太人告诉我："两个中国人到一起就会有一种想法，而我们两个犹太人到一起则至少有四种想法。"他们的教育理念未尝不能理解为：**使孩子的心逐渐变大，以便能够容纳和承受那些残酷的东西，那些不以意志为转移的东西。**

心理师教育的次序

我也对心理师（不管是心理咨询师、治疗师还是分析师）的教育进行了反思。我在自身的教学里从来都不重视实战技巧、预防病人脱落，如此种种，不把这些东西写在面儿上，因为在我看起来它们是"末"的东西。如果本身的手法或修为没有到一定程度，就算教了如何让病人不脱落，那有什么用呢？为什么要教对两个人都不利的东西呢？我比较有幸老早就开始了教学工作，当然更有幸的是我有非常多德艺双馨的老师，就以吴和鸣教授为例，他究竟有多少次耳提面命地给我讲理论和具体操作呢？可以说寥寥。他对我的第一次训练就是卷上铺盖去精神科，跟病人同吃同住三个月。**在我自身对学生的教学中，伦理是放在第一位的。**它看起来没有什么用，甚至在一段时间内像是某种负担，增加了禁忌；然而，如果你真的要选择心理师作为终身职业，我相信没有任何东西能比它更能够为你保驾护航了。**伦理之后是见地**，要传递正确的见地、高明的见地，不是具体的书本知识。对于成人而言，应该自学具体的书本知识，凡识字的人都应该自己去查阅书，写读书笔记、摘要、综述，自己弄明白。自己能弄明白的东西，为什么要偷懒呢？况且被动学习的效果很差。我尽管讲大课，但我之所以有给别人上大课的能力，恰恰不来自我本人上大课。在我所有的学问当中，从大课里获得的最少，从自己研究性学习中获得的最多。

其次是具体的技术。**具体的技术一定要落在实处，落在逐字稿里。**对于逐字稿的使用，要反复多次，标准情况下是 5 次❶。就像一个好厨子的刀工必须过硬一样，要千锤百炼。

最后是艺术，是把学问学好之后，结合自身的人格和特长，发展出属于自身的体系来。并不是只有成为大师得有自己的体系，所有人都应该有自己那一套。能成大师是因缘使然，不是个人说了算的。

所以，教育的次序是德、道、技、艺。现在，我基本上把我的教育思想说得差不多了。大家应该能够领会到的是，心性的修行、心性的疗愈和心性的教育应该是一体的。

---

❶ 逐字稿督导要训练 3 年。第 1 次是自己整理，整理就是一次自我督导；然后拿着逐字稿再看一遍，这是第 2 次；第 3 次是和督导师一起分析；第 4 次是督导之后自己再去看；第 5 次是过一段时间后再去看；甚至以后还可以再拿出来看，看它七八遍都可以。

课堂问答

问： 如果家庭教育与学校教育出现矛盾，应如何化解？

答： 这很考验智慧，也考验勇气。即使孩子是上幼儿园，你也会发现自己的教育理念与学校的一些老师不一致。我觉得不一定要把这理解为对抗性的，这是一个很好的机会，向老师传递你的教育理念，也让老师反思他的教育理念，继而能够更好地为你的孩子服务——这里针对的是一些比较小的出入；如果是大是大非问题上的出入，有时候也很难寻求一个比较圆满的解脱之道，那要考察、考虑家长实际上能不能为孩子更自由地挑选适合的教育，这是一种考验。每一种教育模式都有它自己的价值观，然而当孩子长大之后，那个时候、那个世界会变成什么样子？是以什么样的价值观为主导呢？其实没有任何人知道或能预料到。所以我们不要求完美的教育，这也是一种妄想，是不可能的。

问： 请张老师分别作为心理治疗师和哲学博士对中国文化做一些展望。

答： 我们中国文化的确具有非常强的连续性（说它是"最强"的也没有问题）和消化、吸收、转化、超越异质性文化的能力，我相信这样的能力会持续下去。它本身并不提倡一定要制造对立、你我，而非常提倡沟通、圆融、超越，我觉得这是我们文化的一个非常核心的因素，我预计这一部分会持续下去。面对的挑战主要是如何消化希腊文化、希伯来文化及深受其影响的其他文化成果；就我个人而言，就是如何消化精神分析、分析心理学的成果。首先是有信心；其次要认识到，完成这样的消化、转化不是一代人的事情，可能需要四五代人的努力。我们应该对未来有希望。

问：您接下来会继续研究超体吗？

答：说不定我下一次就开始批判超体了。如果你的心向超体敞开，谁知道它将呈现什么呢？

问：在"大心体物"的观点里，如何看待职业倦怠这个问题？如何预防呢？

答：倦怠是我们生命体验的一部分，在你想努力驱走它之前，请先大你的心去体这个物。倦怠里有非常丰富的内容，不仅仅体现为一系列生理指标的波动和量表里某些指标的变化，我们的倦怠里包含着生命本质的一些倦怠。倦怠可以说是烦，烦的背后又有怕，那究竟怕什么呢？值得大其心则体天下之物。我干这行的十年里，隔一段时间都会怀疑自己是不是应该继续干下去。这已经成为不怎么令我感到惊讶的一个现象了，每一次都是："哦，你出现了，那我好好看看你吧。"